探索学科科学奥秘丛书

探索化学的奥秘

本书编写组◎编

TANSUO
XUEKE KEXUE
AOMI CONGSHU

世界图书出版公司
广州·北京·上海·西安

图书在版编目（CIP）数据

探索化学的奥秘/《探索学科科学奥秘丛书》编委会
编．—广州：广东世界图书出版公司，2009.9（2024.2 重印）
（探索学科科学奥秘丛书）
ISBN 978 - 7 - 5100 - 0705 - 7

Ⅰ．探… Ⅱ．探… Ⅲ．化学—青少年读物 Ⅳ.06 - 49

中国版本图书馆 CIP 数据核字（2009）第 146755 号

书　　　名　探索化学的奥秘
　　　　　　TAN SUO HUA XUE DE AO MI
编　　　者　《探索学科科学奥秘丛书》编委会
责任编辑　柯绵丽
装帧设计　三棵树设计工作组
出版发行　世界图书出版有限公司　世界图书出版广东有限公司
地　　　址　广州市海珠区新港西路大江冲 25 号
邮　　　编　510300
电　　　话　020-84452179
网　　　址　http://www.gdst.com.cn
邮　　　箱　wpc_gdst@163.com
经　　　销　新华书店
印　　　刷　唐山富达印务有限公司
开　　　本　787mm×1092mm　1/16
印　　　张　13
字　　　数　160 千字
版　　　次　2009 年 9 月第 1 版　2024 年 2 月第 9 次印刷
国际书号　ISBN　978-7-5100-0705-7
定　　　价　49.80 元

前　　言

　　化学是自然科学中的一门基础学科，它主要研究物质的组成、结构、性质、变化及其相关的现象、规律和成因，以及物质在自然界中的存在、人工合成和应用等。

　　"化学"一词最早出现在 1857 年墨海书馆出版的期刊《六合丛谈》。伟烈亚力提及王韬在其日记中记载了从戴德生处听闻的"化学"一词。

　　英语中的"化学"（chemistry）的来源有很多说法。一种说法认为是由"炼金术"（alchemy）得名的。"alchemy"来源于古法语的"alkemie"和阿拉伯语的"al－kimia"，意为"形态变化的学问"（the art of transformation）。阿拉伯语中的"kimia"则源于希腊语。亦有另一种说法认为英语中的"chemistry"源自埃及语中的"kēme"，意思是"土"（earth）。

　　从人类诞生以来，化学就存在了。最早的化学是人类对火的研究。对于处于原始社会人来说，火可以将一种物体变成另一种物体，所以成为了当时人最有兴趣研究的现象。如果没有火，人类不会发现铁和玻璃的制造方法。

　　后来黄金被发现，人们又开始研究如何将其他物质变成黄金。公元前 300～公元 1500 年，炼金术士开始钻研如何将其他物质转变成黄金，有些炼金术士主要的工作是制造药物，因此累积了金属的提取和处理有关的观察和技术。中国当时亦有所谓炼丹术。2000 年前，人类已广泛使用金、银、汞、铜、铁和青铜。当时的人类文明，对于陶瓷、染色、酿造、造纸、火药等在工艺方面已有一定成就；在技术经验上，对物质变化的理解已有一定观察和文献累积。

　　17 世纪以前，人类在化学领域的成就并不突出。17 世纪之后，出现了多位著名化学家，其中最有名的是罗伯特·波义耳，他被尊崇为"化学之父"。到了 1750 年，化学发展到一个较高的阶段。1773 年，拉瓦锡提出了质量守恒定律，接着一些化学家相继发现了各种化学元素，为后来门捷列夫建立的元素周期表奠定了基础。1901 年，诺贝尔化学奖成立。

　　质子、中子、电子的先后被发现，打开研究化学的最小微粒——原子的大门。后来又出现量子力学，直到今日，化学已经衍生出众多领域和学科。

　　化学在我们的生活中有着非常重要的作用，它帮助人类在能源、材料、生命现象、生态环境等多领域中开辟新的道路。目前，化学已开始向生物物料、太阳能、核能等新能源进军；向先进的光子材料、复合材料等发起挑战。

　　现在，化学作为人类研究的几大基本学科之一，发挥着极其重要的作用。

目　录

探索化学的奥秘 TANSUO HUAXUE DE AOMI

探索化学的奥秘 TANSUO HUAXUE DE AOMI

第一章　科学认识化学

第一节　化学的进程

化学是建立在原子、分子的基础之上，对物质的组成、结构、性质、变化、制备和应用等方面进行研究的自然科学，它对我们认识和利用物质具有重要的作用。世界是由物质组成的，而化学是人们用来认识和改造物质世界的主要方法和手段之一，它具有悠久的历史和永远不会消退的活力。化学与人类文明的进步有着密切的关系，它的每一次重大发展都给人类的生活带来极大的影响。

从最早开始用火的原始社会，到使用各种人造物质的现代社会，人类的生活都没有离开过化学。人类的生活能够不断提高和改善，化学的作用不可轻视。

化学是重要的基础学科之一，在与物理学、生物学、自然地理学、天文学等学科的相互渗透中，得到了迅速的发展，也推动了其他学科和技术的发展。例如，核酸化学的研究成果使今天的生物学从细胞水平提高到分子水平，建立了分子生物学；对地球、月球和其他星体的化学成分的分析，得出了元素分布的规律，发现了星际空间有简单化合物的存在，为天体演化和现代宇宙学提供了实验数据，还丰富了自然辩证法的内容。

化学还是一门以实验为基础的科学。几乎所有的化学成果都是科学家从化学实验中总结出来的。

第二节　化学的萌芽

原始社会时期，人类为了求得生存，在与自然进行各种抗争时，发现和利用了火。燃烧就是一种化学现象，人类由此从野蛮进入文明，同时开始了用化学方法认识和改造天然物质。掌握了火以后，人类开始食用熟食。在使用火的同时，人类陆续发现了一些物质的变化，如发现在翠绿色的孔雀石等铜矿石上面燃烧炭火，会有红色的铜生成。这样，人类在逐步了解和利用这些物质的变化的过程中，逐步学会了制陶器、冶炼，后来又懂得了酿造、染色等。这些由天然物质加工改造而成的制品，成为古代文明的标志。在这些生产生活的实践上萌发了古代化学知识。

古人曾根据物质的某些性质对物质进行分类，并企图追溯其本源及其变化规律。在古代，中国提出了阴阳五行之说，认为万物是由金、木、水、火、土五种基本物质组合而成的，而五行则是由阴阳二气相互作用而成的。这种说法是朴素的唯物主义自然观，用"阴阳"这个概念来解释自然界两种对立和相互消长的物质势力，认为二者的相互作用是一切自然现象变化的根源。这种说法也是中国古代炼丹术的理论基础之一。

公元前4世纪，希腊也提出了与五行学说类似的火、风、土、水四元素说和古代原子论。这些朴素的元素思想，即为物质结构及其变化理论的萌芽。后来中国古代出现了炼丹术，到了秦汉时期，炼丹术已经十分流行。大概在公元7世纪传到阿拉伯国家，与古希腊哲学相融合而形成阿拉伯炼丹术，阿拉伯炼金术于中世纪传入欧洲，形成欧洲炼金术，后来逐步演进为近代的化学。

炼丹术的思想是深信物质能转化，试图在炼丹炉中人工合成金银或修炼长生不老之药。他们有目的地将各类物质搭配烧炼，进行实验。为

此涉及了研究物质变化用的各类器皿，如升华器、蒸馏器、研钵等，也创造了各种实验方法，如研磨、混合、溶解、洁净、灼烧、熔融、升华、密封等。

同时，进一步分类研究了各种物质的性质，特别是相互反应的性能，这些都为近代化学的产生奠定了基础，许多器具和方法经过改进后，仍然在今天的化学实验中沿用。炼丹家在实验过程中发明了火药，发现了若干元素，制成了某些合金，还制出和提纯了许多化合物，这些非凡的成果直到今日也被我们利用着。

第三节　化学的中兴

16 世纪初，欧洲工业开始兴起，推动了医药化学和冶金化学的创立和发展，使炼金术转向生活和实际应用，继而更加注意物质化学变化本身的研究。在元素的科学概念建立后，通过对燃烧现象的精密实验研究，建立了科学的氧化理论和质量守恒定律，随后又建立了定比定律、倍比定律和化合量定律，为化学的进一步发展奠定了基础。

进入 19 世纪，建立了近代原子理论。它突出强调了各种元素的原子的质量为其最基本的特征，其中量的概念的引入，是与古代原子论的一个主要区别。近代原子论使当时的化学知识和理论得到了合理的解释，成为说明化学现象的统一理论。提出了分子假说，建立了原子分子学说，为物质结构的研究奠定了基础。门捷列夫发现元素周期律后，不仅初步形成了无机化学的体系，并且与原子分子学说一起形成化学理论体系。

通过对矿物的分析，发现了许多新元素，加上对原子分子学说的实验验证，经典性的化学分析方法也有了自己的体系。草酸和尿素的合成、原子价概念的产生、苯的六环结构和碳价键四面体等学说的创立、酒石酸拆分成旋光异构体以及分子的不对称性等的发现，使有机化学结构理论得以确立，使人们对分子本质的认识更加深入，并奠定了有机化学的基础。

19 世纪下半叶，热力学等物理学理论引入化学之后，不仅澄清了化学平衡和反应速率的概念，而且可以定量地判断化学反应中物质转化的方向和条件。之后相继建立了溶液理论、电离理论、电化学和化学动力学的理论基础。物理化学的诞生，使得化学从理论上提升到了一个较高的水平。

20 世纪的化学是一门建立在实验基础的科学，实验与理论一直是化学研究中相互依赖、彼此促进的两个方面。进入 20 世纪以后，由于受到自然科学其他学科发展的影响，并广泛地应用了当代科学的理论、技术和方法，化学在认识物质的组成、结构、合成和测试等方面都有了较大的发展，而且在理论方面取得了许多重要的成果。在无机化学、分析化学、有机化学和物理化学这个重要分支学科基础上产生了新的化学分支学科。

近代物理的理论和技术、数学方法及计算机技术在化学中的应用，对现代化学的发展起了很大的推动作用。19 世纪末，电子、X 射线和放射性的发现为化学在 20 世纪的重大进展创造了条件。

在结构化学方面，由于电子的发现开始并确立的现代的有核原子模型，不仅丰富和深化了对元素周期表的认识，而且发展了分子理论。应用量子力学研究分子结构，产生了量子化学。

从氢分子结构的研究开始，逐步揭示了化学键的本质，先后创立了价键理论、分子轨道理论和配位场理论。化学反应理论也随着深入到微观境界。应用 X 射线作为研究物质结构的新分析手段，可以洞察物质的晶体化学结构。测定化学立体结构的衍射方法，有 X 射线衍射、电子衍射和中子衍射等方法。其中以 X 射线衍射法的应用所积累的精密分子立体结构信息最多。

研究物质结构的谱学方法也由可见光谱、紫外光谱、红外光谱扩展到核磁共振谱、电子自选共振谱、光电子能谱、射线共振光谱、穆斯堡尔谱等，与计算机联用后，积累大量物质结构与性能相关的资料，正由经验向理论发展。电子显微镜放大倍数不断提高，人们以可直接观察分子的结构。

经典的元素学说由于放射性的发现而产生深刻的变革。从放射性衰变理论的创立、同位素的发现到人工核反应和核裂变的实现、氘的发现、中子和正电子及其他基本粒子的发现，不仅使人类的认识深入到亚原子层次，而且创立了相应的实验方法和理论；不仅实现了古代炼丹家转变元素的思想，而且改变了人的宇宙观。

作为20世纪的时代标志，人类开始掌握和使用核能。放射化学和核化学等分支学科相继产生，并迅速发展；同位素地质学、同位素宇宙化学等交叉学科接踵诞生。元素周期表扩充了，已有109号元素，并且正在探索超重元素以验证元素"稳定岛假说"。与现代宇宙学相依存的元素起源学说和与演化学说密切相关的核素年龄测定等工作，都在不断补充和更新元素的观念。

在化学反应理论方面，由于对分子结构和化学键的认识的提高，经典的、统计的反应理论也进一步深化，在过渡态理论建立后，逐渐向微观的反应理论发展，用分子轨道理论研究微观的反应机理，并逐渐建立了分子轨道对称守恒定律和前线轨道理论。分子束、激光和等离子技术的应用，使得对不稳定化学物种的检测和研究成为现实，从而化学动力学已有可能从经典的、统计的宏观动力学深入到单个分子或原子水平的微观反应动力学。

计算机技术的发展，使得分子、电子结构和化学反应的量子化学计算、化学统计、化学模式识别，以及大规模数据技术的处理和综合等方面，都得到较大的进展，有的已经逐步进入化学教育之中。关于催化作用的研究，已提出了各种模型和理论，从无机催化进入有机催化，开始从分子微观结构和尺寸的角度核生物物理有机化学的角度，来研究酶类的作用和酶类的结构与其功能的关系。

分析方法和手段是化学研究的基本方法和手段。一方面，经典的成分和组成分析方法仍在不断改进，分析灵敏度从常量发展到微量、超微量、痕量；另一方面，发展出许多新的分析方法，可深入到进行结构分析，构象测定，同位素测定，各种活泼中间体如自由基、离子基、卡宾、氮宾、卡拜等的直接测定，以及对短寿命亚稳态分子的检测等。分离技术也不断革新，如离子交换、膜技术及色谱法等。

合成各种物质，是化学研究的目的之一。在无机合成方面，首先合成的是氨。氨的合成不仅开创了无机合成工业，而且带动了催化化学，发展了化学热力学和反应动力学。后来相继合成的有红宝石、人造水晶、硼氢化合物、金刚石、半导体和超导材料等配位化合物。

在电子技术、核工业、航天技术等现代工业技术的推动下，各种超纯物质、新型化合物和特殊需要的材料的生产技术都得到了较大的发展。稀有气体化合物的合成成功又向化学家提出了新的挑战，需要对零族元素的化学性质重新加以研究。无机化学在与有机化学、生物化学、物理化学等学科相互渗透中，产生了有机金属化学、生物无机化学、无机固体化学等新兴学科。

酚醛树脂的合成，开辟了高分子科学领域。20 世纪 30 年代聚酰胺纤维的合成，使高分子的理论得到广泛的认可。后来，高分子的合成、结构和性能研究、应用三方面保持互相配合和促进，使高分子化学得以迅速发展。

各种高分子材料合成和应用，为现代工农业、交通运输、医疗卫生、军事技术以及人们衣食住行各方面，提供了多种性能优异而成本较低的重要材料，成为现代物质文明的重要标志。高分子工业成为化学工业的重要支柱。

20 世纪是有机合成的黄金时代。化学的分离手段和结构分析方法已经有了很大的发展，许多天然有机化合物的结构问题纷纷获得圆满解决，还发现了许多新的重要的有机反应和专一性有机试剂，在此基础上，精细有机合成，特别是在不对称合成方面取得了很大进展。

一方面，合成了各种有特种结构和特种性能的有机化合物；另一方面，合成了从不稳定的自由基到有生物活性的蛋白质、核酸等生命基础物质。有机化学家还合成了有复杂结构的天然有机化合物和有特效的药物。这些成就对促进科学的发展起了巨大的作用；为合成有高度生物活性的物质，并与其他学科协同解决有生命物质的合成问题及解决前生命物质的化学问题等，提供了有利的条件。

20世纪以来，化学发展的趋势可以归纳为：由宏观向微观、由定性向定量、由稳定态向亚稳定态发展，由经验逐渐上升到理论，再用于指导设计和开创新的研究。一方面，为生产和技术部门提供尽可能多的新物质、新材料；另一方面，在与其他自然科学相互渗透的进程中不断产生新学科，并向探索生命科学和宇宙起源的方向发展。

第四节　化学的作用

化学与人类的吃穿住行以及能源、信息、环境保护、医药卫生、资源利用等方面都有十分密切的联系，它在社会中的作用是不可忽视的。

（1）化学不仅保证了我们的生存，还让我们的生活质量得到了很大的提高。如利用化学生产化肥和农药，以增加粮食产量；利用化学合成药物，以抑制细菌和病毒，保障人体健康；利用化学开发新能源、新材料，以改善人类的生存条件；利用化学综合应用自然资源和保护环境，以使人类生活得更加美好。

（2）化学是一门实用学科，它与数学、物理等学科成为自然科学迅速发展的基础。

（3）化学与其他学科相互渗透，从而产生了很多边缘学科，如生物化学、地球化学、宇宙化学、海洋化学及大气化学等，使得生物、电子、航天、激光、地质、海洋等科学技术迅猛发展。

第五节　化学的学科分类

在化学的发展与形成过程中，人们依照所研究的分子类别和研究手段、目的、任务的不同，衍生出许多分支。20世纪20年代以前，化学传统地分为无机化学、有机化学、物理化学和分析化学四个分支，20

年代以后，由于世界经济的高速发展，化学键的电子理论和量子力学的诞生、电子技术和计算机技术的兴起，化学研究在理论上和实验技术上都获得了新的手段，导致这门学科从 20 世纪 30 年代以来飞跃发展，出现了崭新的面貌。现在，化学一般分为生物化学、有机化学、高分子化学、应用化学、化学工程学、物理化学和无机化学等五大类共 80 项，实际包括了七大分支学科。

根据当今化学学科的发展以及它与天文学、物理学、数学、生物学、医学、地学等学科相互渗透的情况，化学可作如下分类：

无机化学：包括元素化学、无机合成化学、无机固体化学、配位化学、生物无机化学、有机金属化学等。

有机化学：包括普通有机化学、有机合成化学、金属和非金属有机化学、物理有机化学、生物有机化学、有机分析化学。

物理化学：包括化学热力学、化学动力学、结构化学。

分析化学：包括化学分析、仪器和新技术分析。

高分子化学：包括天然高分子化学、高分子合成化学、高分子物理化学、高聚物应用、高分子物力。

核化学：包括放射性元素化学、放射分析化学、辐射化学、同位素化学、核化学。

生物化学：包括一般生物化学、酶类与微生物化学、植物化学、免疫化学、发酵和生物工程、食品化学等。

其他与化学有关的边缘学科还有：地球化学、海洋化学、大气化学、环境化学、宇宙化学及星际化学等。

第二章　元素周期表与原子结构

第一节　元　素

在古代，还没有将元素看成是物质的一种具体形式的观念。无论在我国古代的哲学中还是在印度或西方的古代哲学中，都把元素看作是抽象的、原始精神的一种表现形式，或是物质所具有的基本性质。

约在公元前900年，我国西周时代的《易经》中曾说："易有太极，是生两仪，两仪生四象，四象生八卦。"这是一个以"太极"为中心的世界创造说。

到了公元前403年～公元前221年，我国的战国时代又出现了一些追求万物本源的学说。在《老子道德经》中曾载："道生一，一生二，二生三，三生万物。"又如《管子·水地》中说："水者，何也？万物之本原也。"

在我国古代的灿烂文化中，五行学说是具有实物意义的，但有时又表现为基本性质。我国的五行学说最早出现在战国末年的《尚书》："五行：一曰水，二曰火，三曰木，四曰金，五曰土。水曰润下，火曰炎上，木曰曲直，金曰从革，土爰（曰）稼穑。"翻译为今天的意思就是："五行：一是水，二是火，三是木，四是金，五是土。水的性质润物而向下，火的性质燃烧而向上，木的性质可曲可直，金的性质可以熔铸改造，土的性质可以耕种收获。"后来在《国语》中的五行之说开始明显地表示了万物原始的概念。《国语》中记载："夫和实生物，同则不继。以他平他谓之和，故能丰长而物生之。若以同稗同，尽乃弃矣。故先王以土与金、木、水、火杂以成百物。"译成今天的语言是："和谐才是创造事物的原则，同一是不能连续不断永远长有的。把许多不同的东西结合在一起而使它们得到平衡，这叫做和谐，所以能够使物质丰盛而成长起来。如果以相同的东西加合在一起，便会被抛弃了。所以，过去的帝王用土和金、木、水、火相互结合造成万物。"

古印度哲学家的思想中也有和我国五行相似的思想，即是公元前 7 世纪～公元前 6 世纪古印度学者卡皮拉（Kapila）提出来的地、水、火、风、空气。

西方的自然哲学来源于希腊。被尊为希腊七贤之一的唯物哲学家塔莱斯认为水是万物之母。希腊最早的思想家阿那克西米尼认为组成万物的是气。被称为辩证法奠基人之一的赫拉克利特（Heraclito，公元前 535～公元前 475）认为万物由火而生。古希腊的自然科学家、医生恩培多克勒（Empedocles，公元前 490～公元前 430）综合了以前的哲学家们的见解，在他们所指的水、气和火之外，又加上土，称为四元素。古希腊哲学家亚里士多德（Aristotle，公元前 384～公元前 322）综合了但也歪曲了这些朴素的唯物主义的看法，提出"原性学说"。他认为自然界中是由 4 种相互对立的"基本性质"——热和冷、干和湿组成的。它们的不同组合，构成了火（热和干）、气（热和湿）、水（冷和湿）、土（冷和干）4 种元素。"基本性质"可以从原始物质中取出或放进，从而引起物质之间的相互转化。这样，宇宙的本源、世界的基础便不是物质实体，而且可以离开实物而独立存在的"性质"了，这就导向唯心主义了。

从 13 世纪到 14 世纪，西方的炼金术士们对亚里士多德提出的元素又作了补充，增加了 3 种元素：水银、硫黄和盐。这就是炼金术士们所称的三本原。但是，他们所说的水银、硫黄、盐只是表现着物质的性质：水银——金属性质的体现物，硫黄——可燃性和非金属性质的体现

物，盐——溶解性的体现物。

到了 16 世纪，瑞士医帕拉塞尔士把炼金术士们的三本原应用到他的医学中。他提出物质是由 3 种元素——盐（肉体）、水银（灵魂）和硫黄（精神）按不同比例组成的，疾病产生的原因是有机体中缺少了上述 3 种元素之一。为了医病，就要在人体中注入所缺少的元素。

无论是古代的自然哲学家还是炼金术士们，或是古代的医药学家们，他们对元素的理解都是通过对客观事物的观察或者是臆测的方式解决的。到了 17 世纪中叶，科学实验开始兴起，人们积累了一些物质变化的实验资料，才初步从化学分析的结果去解决关于元素的概念。

1661 年英国科学家玻意耳对亚里士多德的四元素和炼金术士们的三本原表示怀疑，出版了一本《怀疑派的化学家》小册子。书中写道："现在我把元素理解为那些原始的和简单的或者完全未混合的物质。这些物质不是由其他物质所构成，也不是相互形成的，而是直接构成物体的组成成分，而它们进人物体后最终也会分解。"这样，人们对元素的概念开始转变为组成物体的原始的和简单的物质。

拉瓦锡在肯定和说明究竟哪些物质是原始的和简单的时候，强调实验是十分重要的。他把那些无法再分解的物质称为简单物质，也就是元素。此后在很长的一段时期里，元素被认为是用化学方法不能再分的简单物质。这就把元素和单质两个概念混淆或等同起来了。而且，在后来的一段时期里，由于缺乏精确的实验材料，究竟哪些物质应当归属于化学元素，或者说究竟哪些物质是不能再分的简单物质，这个问题也悬而未解。

拉瓦锡在 1789 年发表的《化学基础论说》一书中列出了他制作的化学元素表，一共列举了 33 种化学元素，分为 4 类：

（1）属于气态的简单物质，可以认为是元素：光、热、氧气、氮气、氢气。

（2）能氧化和成酸的简单非金属物质：硫、磷、碳、盐酸基、氢氟酸基、硼酸基。

（3）能氧化和成盐的简单金属物质：锑、砷、银、钴、铜、锡、铁、锰、汞、钼、金、铂、铅、钨、锌。

（4）能成盐的简单土质：石灰、苦土、重土、矾土、硅土。

从这个化学元素表可以看出，拉瓦锡不仅把一些非单质列为元素，而且把光和热也当作元素了。

拉瓦锡之所以把盐酸基、氢氟酸基以及硼酸基列为元素，是根据他自己创立的学说——一切酸中皆含有氧。拉瓦锡认为，盐酸是盐酸基和氧的化合物，也就是说，是一种简单物质和氧的化合物，因此盐酸基就被他认为是一种化学元素了。氢氟酸基和硼酸基也是如此。他之所以在"简单非金属物质"前加上"能氧化和成酸的"的道理也在于此。他认为，一种物质既然能氧化，当然能成酸。

在 19 世纪以前，拉瓦锡元素表中的"土质"被当时的化学研究者们认为是元素，是不能再分的简单物质。"土质"在当时表示具有这样一些共同性质的简单物质，如具有碱性，加热时不易熔化，也不发生化学变化，几乎不溶解于水，与酸相遇不产生气泡。这样，石灰（氧化钙）就是一种土质，于是又有了重土——氧化钡、苦土——氧化镁、硅土——氧化硅、矾土——氧化铝。在今天，他们属碱土族元素或土族元素的氧化物。这个"土"字也就由此而来。

19 世纪初，道尔顿创立了化学中的原子学说，并着手测定原子量，化学元素的概念开始和物质组成的原子量联系起来，使每一种元素成为具有一定（质）量的同类原子。

1841 年，贝齐里乌斯根据已经发现的一些元素的性质，如硫、磷能以不同的形式存在的事实，硫有菱形硫、单斜硫，磷有白磷和红磷，创立了同（元）素异形体的概念，即相同的元素能形成不同的单质。这就表明元素和单质的概念是有区别的。

19 世纪后半叶，在门捷列夫建立化学元素周期系的时间里，明确指出元素的基本属性是原子量。他认为元素之间的差别集中表现在不同

的原子量上。他提出应当区分单质和元素两个不同概念，指出在红色氧化汞（HgO）中并不存在金属汞和气体氧，只是元素汞和元素氧，它们以单质存在时才表现为金属和气体。

但是随着社会的发展和科学技术的不断进步，在19世纪末，电子、X射线和放射性相继被发现，使科学家们对原子的结构进行了研究。1913年英国化学家索迪（F. Soddy，1877～1956）提出同位素的概念。同位素是具有相同核电荷数而原子量不同的同一元素的异体，它们位于化学元素周期表中同一方格位置上。

在同一时期里英国物理学家莫塞莱（H. G. J. Moseley，1887～1915）系统地研究了由各种元素制成的阴极所得的X射线的波长，指出元素的特征是这个元素的原子的核电荷数，也就是后来确定的原子序数。

1921年，英国物理学家阿斯顿证明了大多数化学元素都有不同的同位素。他提出，元素的原子量是同位素质量按同位素在自然界中存在的质量分数求得的平均值。

这样，如果把同位素看作是几种不同的单独的元素，这显然是不合理的。因为决定元素的原子的特征不是原子量，而是它的核电荷数。

1923年，国际原子量委员会作出决定：化学元素是根据原子核电荷的多少对原子进行分类的一种方法，把核电荷数相同的一类原子称为一种元素。

当然，直到现在，人们对化学元素还并未完全认识和了解，许多元素还有待人们进行深入研究。

第二节　元素周期表

元素周期表是元素周期律用表格表达的具体形式，它反映元素原子的内部结构和它们之间相互联系的规律。元素周期表简称周期表，有很多种表达形式，目前最常用的是维尔纳长式周期表。元素周期表有7个周期、16 个族和 4 个区。元素在周期表中的位置能反映该元素的原子结构。周期表中同一横列元素构成一个周期。同周期元素原子的电子层数等于该周期的序数。同一纵行（第Ⅷ族包括 3 个纵行）的元素称"族"。族是原子内部外电子层构型的反映。元素周期表能形象地体现元素周期律。根据元素周期表可以推测各种元素的原子结构以及元素及其化合物性质的递变规律。当时，门捷列夫根据元素周期表中未知元素的周围元素和化合物的性质，经过综合推测，成功地预言未知元素及其化合物的性质。现在科学家利用元素周期表，指导寻找制取半导体、催化剂、化学农药、新型材料的元素及化合物。

现代化学的元素周期律是 1869 年俄国科学家德米特里·伊万诺维奇·门捷列夫（Dmitri Ivanovich Mendeleev）首先整理，他将当时已知的 63 种元素依原子量大小并以表的形式排列，把有相似化学性质的元素放在同一行，就是元素周期表的雏形。利用周期表，门捷列夫成功地预测当时尚未发现的元素（镓、钪、锗）的特性。1913 年英国科学家莫色勒利用阴极射线撞击金属产生 X 射线，发现原子序越大，X 射线的频率就越高，因此他认为核的正电荷决定了元素的化学性质，并把元素依照核内正电荷（即质子数或原子序）排列，经过多年修订后才成为现在的周期表。

元素周期表揭示了物质世界的秘密，也把一些看似毫无关联的元素联系在了一起，形成了一个完整的自然体系。

一、元素周期表的发现

宇宙是由什么组成的呢？古希腊人认为是水、土、火、气四种元素，古代中国则认为是金、木、水、火、土构成了宇宙万物。直到近代，人们才渐渐开始明白，元素有许多种，绝不是几种而已。18 世纪，科学家已经探明的元素有 30 多种，如金、银、铁、氧、磷、硫等，到 19 世纪，已发现的元素已达 54 种。我们也许会问，还有多少元素没有被发现呢？它们之间有什么联系吗？

这些问题直到俄罗斯科学家门捷列夫发现元素周期律，才被逐一地解答出来。门捷列夫发现：元素的原子量相等或相近的，性质相似相近；而且，元素的性质和它们的原子量呈周期性的变化。对此，门捷列夫激动不已。他把当时已经发现的 60 多种元素按照原子量和性质排成一个列表，结果发现，从任何一种元素算起，每数到 8 个就和第一个元素的性质相近，他把这个规律称为"八音律"。

门捷列夫是怎样发现元素周期律的呢？

1834 年 2 月 7 日，伊万诺维奇·门捷列夫诞生于西伯利亚的托波尔斯克，父亲是中学校长。16 岁时，门捷列夫进入圣彼得堡师范学院自然科学教育系学习。毕业后，去德国深造，集中精力研究物理化学。1861 年回国，任圣彼得堡大学教授。

在编写无机化学讲义时，门捷列夫发现这门学科的俄语教材都已陈旧，外文教科书也无法适应新的教学要求，因而迫切需要有一本新的、能够反映当代化学发展水平的无机化学教科书。

这种想法激励着年轻的门捷列夫。当门捷列夫编写有关化学元素及其化合物性质的章节时，他遇到了难题。按照什么次序排列它们的位置呢？当时化学界发现的化学元素已达 63 种。为了寻找元素的科学分类方法，他不得不研究有关元素之间的内在联系。

研究某一学科的历史，是把握该学科发展进程的最好方法。门捷列夫深刻地了解这一点，他迈进了圣彼得堡大学的图书馆，在数不尽的卷帙中逐一整理以往人们研究化学元素分类的原始资料。

门捷列夫抓住了化学家研究元素分类的历史脉络，夜以继日地分析思考，简直着了迷。夜深人静，圣彼得堡大学主楼左侧的的门捷列夫的居室仍然亮着灯光，仆人为了安全起见，推开了门捷列夫书房的门。

"安东！"门捷列夫站起来对仆人说，"到实验室去找几张厚纸，把筐也一起拿来。"

安东是门捷列夫的忠实仆人。他走出房门，莫名其妙地耸耸肩膀，很快就拿来一卷厚纸。

"帮我把它剪开。"

门捷列夫一边吩咐仆人，一边动手在厚纸上画出格子。

"所有的卡片都要像这个格子一样大小。开始剪吧，我要在上面写字。"

门捷列夫不知疲倦地工作着。他在每一张卡片上都写上了元素名称、原子量、化合物的化学式和主要性质。筐里逐渐装满了卡片。门捷列夫把它们分成几类，然后摆放在一个宽大的实验台上。

接下来的日子，门捷列夫把元素卡片进行系统地整理。门捷列夫的家人对一向珍惜时间的教授突然热衷于"纸牌"感到奇怪。门捷列夫旁若无人，每天手拿元素卡片像玩纸牌那样，收起、摆开，再收起、再摆开，皱着眉头地玩"牌"……

冬去春来。门捷列夫没有在杂乱无章的元素卡片中找到内在的规律。有一天，他又坐到桌前摆弄起"纸牌"来了，摆着，摆着，门捷列夫像触电似的站了起来，在他面前出现了完全没有料到的现象，每一行元素的性质都是按照原子量的增大而从上到下地逐渐变化着。

门捷列夫激动得双手不断地颤抖着。"这就是说，元素的性质与它们的原子量呈周期性有关系。"门捷列夫兴奋地在室内踱着步子，然后，迅速地抓起记事簿在上面写道："根据元素原子量及其化学性质的近似性试排元素表。"

1869年2月底，门捷列夫终于在化学元素符号的排列中，发现了元素具有周期性变化的规律。同年，德国化学家迈尔根据元素的物理性质及其他性质，也制出了一个元素周期表。到了1869年底，门捷列夫已经积累了关于元素化学组成和性质的足够材料。

元素周期律使人类认识到化学元素性质发生变化是由量变到质变的过程，把原来认为各种元素相互独立，互相毫不关联的观点彻底打破了，使化学研究从只限于对无数个别的零星事实作无规律的罗列中摆脱出来，从而奠定了现代化学的基础。

元素周期表

注：
原子序数 —— 19
元素名称 —— 钾 K —— 元素符号
注：* 的是人造元素

周期	IA	IIA	IIIB	IVB	VB	VIB	VIIB	VIII			IB	IIB	IIIA	IVA	VA	VIA	VIIA	0
1	氢 H 1																	氦 He 2
2	锂 Li 3	铍 Be 4											硼 B 5	碳 C 6	氮 N 7	氧 O 8	氟 F 9	氖 Ne 10
3	钠 Na 11	镁 Mg 12											铝 Al 13	硅 Si 14	磷 P 15	硫 S 16	氯 Cl 17	氩 Ar 18
4	钾 K 19	钙 Ca 20	钪 Sc 21	钛 Ti 22	钒 V 23	铬 Cr 24	锰 Mn 25	铁 Fe 26	钴 Co 27	镍 Ni 28	铜 Cu 29	锌 Zn 30	镓 Ga 31	锗 Ge 32	砷 As 33	硒 Se 34	溴 Br 35	氪 Kr 36
5	铷 Rb 37	锶 Sr 38	钇 Y 39	锆 Zr 40	铌 Nb 41	钼 Mo 42	锝 Tc 43	钌 Ru 44	铑 Rh 45	钯 Pd 46	银 Ag 47	镉 Cd 48	铟 In 49	锡 Sn 50	锑 Sb 51	碲 Te 52	碘 I 53	氙 Xe 54
6	铯 Cs 55	钡 Ba 56	*	铪 Hf 72	钽 Ta 73	钨 W 74	铼 Re 75	锇 Os 76	铱 Ir 77	铂 Pt 78	金 Au 79	汞 Hg 80	铊 Tl 81	铅 Pb 82	铋 Bi 83	钋 Po 84	砹 At 85	氡 Rn 86
7	钫 Fr 87	镭 Ra 88	**	𬬻 Rf 104*	𬭊 Db 105*	𬭳 Sg 106*	𬭛 Bh 107*	𬭶 Hs 108*	𬭳 Mt 109*	110 Uun	111 Uuu	112 Uub	113 Uut	114 Uuq	115 Uup	116 Uuh	117 Uus	118 Uuo

* 镧系元素	镧 La 57	铈 Ce 58	镨 Pr 59	钕 Nd 60	钷 Pm 61*	钐 Sm 62	铕 Eu 63	钆 Gd 64	铽 Tb 65	镝 Dy 66	钬 Ho 67	铒 Er 68	铥 Tm 69	镱 Yb 70	镥 Lu 71
** 锕系元素	锕 Ac 89	钍 Th 90	镤 Pa 91	铀 U 92	镎 Np 93	钚 Pu 94	镅 Am 95*	锔 Cm 96*	锫 Bk 97*	锎 Cf 98*	锿 Es 99*	镄 Fm 100*	钔 Md 101*	锘 No 102*	铹 Lr 103*

二、元素周期表中元素及其化合物的递变性规律

1. 原子半径

（1）除第一周期外，其他周期元素（惰性气体元素除外）的原子半径随原子序数的递增而减小；

（2）同一族的元素从上到下，随电子层数增多，原子半径增大。

2. 元素化合价

（1）除第一周期外，同周期从左到右，元素最高正价由碱金属＋1递增到＋7，非金属元素负价由碳族－4递增到－1（氟无正价，氧无＋6价，除外）；

（2）同一主族的元素的最高正价、负价均相同；

（3）所有单质都显零价。

3. 单质的熔点

（1）同一周期元素随原子序数的递增，元素组成的金属单质的熔点递增，非金属单质的熔点递减；

（2）同一族元素从上到下，元素组成的金属单质的熔点递减，非金属单质的熔点递增。

4. 元素的金属性与非金属性

（1）同一周期的元素电子层数相同。因此随着核电荷数的增加，原子越容易得电子，从左到右金属性递减，非金属性递增；

（2）同一主族元素最外层电子数相同，因此随着电子层数的增加，原子越容易失电子，从上到下金属性递增，非金属性递减。

5. 最高价氧化物和水化物的酸碱性

元素的金属性越强，其最高价氧化物的水化物的碱性越强；元素的非金属性越强，最高价氧化物的水化物的酸性越强。

6. 非金属气态氢化物

元素非金属性越强，气态氢化物越稳定。同周期非金属元素的非金属性越强，其气态氢化物水溶液一般酸性越强；同主族非金属元素的非

金属性越强，其气态氢化物水溶液的酸性越弱。

7. 单质的氧化性、还原性

一般元素的金属性越强，其单质的还原性越强，其氧化物的阳离子氧化性越弱；元素的非金属性越强，其单质的氧化性越强，其简单阴离子的还原性越弱。

推断元素位置的规律

判断元素在周期表中位置应牢记的规律：

（1）元素周期数等于核外电子层数；

（2）主族元素的序数等于最外层电子数。

阴阳离子的半径大小辨别规律：

由于阴离子是电子最外层得到了电子而阳离子是失去了电子，所以，总的说来：

（1）阳离子半径＜原子半径；

（2）阴离子半径＞原子半径；

（3）阴离子半径＞阳离子半径；

（4）或者一句话总结，对于具有相同核外电子排布的离子，原子序数越大，其离子半径越小。

以上规律不适合用于稀有气体。

第三节　原子结构

一、揭秘原子结构的几个重要的物理发现

1. 1895 年德国物理学家伦琴发现 X 射线

1896 年 1 月 5 日，在柏林物理学会会议上展出了很多 X 射线的照片，同一天，维也纳《新闻报》也报道了发现 X 光的消息。这一发现立即引起了人们的极大关注，在几个月的时间中数百名科学家为此进行调查研究，一年之中就有上千篇关于 X 射线的论文问世。

X射线是德国物理学家威廉·康拉德·伦琴在做一项试验的时候偶然发现的。伦琴于1845年生于德国的伦内普。1869年，他获得苏黎世大学的哲学博士学位。之后的19年中，他在多所大学工作过，赢得了优秀科学家的名誉。1888年起，伦琴任维尔兹堡大学物理学院教授和院长。

1895年11月8日，伦琴像往常一样钻进实验室中，摆弄当时最奇特的光学仪器——真空的"克鲁克斯－希托夫管"。傍晚，当他再次接通用黑纸包住的管子的电源，以研究其产生的阴极射线时，偶然发现约两米远的凳子上出现一

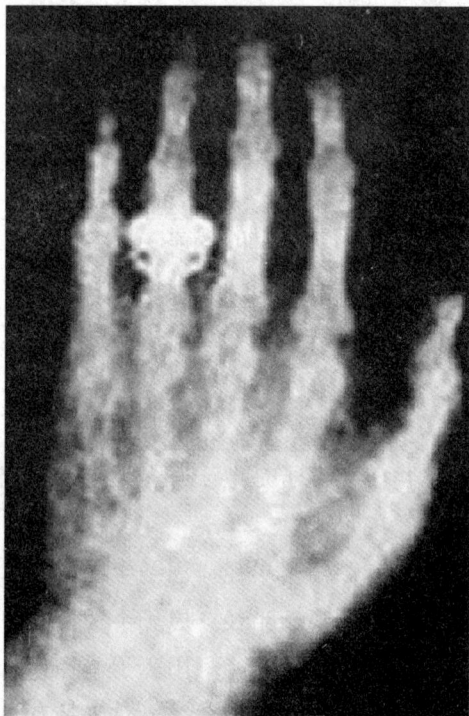

1896年伦琴首次拍摄到他妻子手的
X线照片，其无名指上戴着一枚戒指。

片亮光。原来，那儿放着一块做别的实验用的涂有铂氰化钡（一种荧光物质）的硬纸。他觉得很奇怪，究竟是什么原因使这原来并不发光的纸板发光了呢？他猜测很可能是管子发出的某种"东西"到达纸板，使铂氰钡发光，但不会是阴极射线，因为它仅能穿透几厘米的空气。于是他关闭电源，这时亮光消失，如此反复几次，证实了他的猜测。由于管子发出的"东西"性质不确定，伦琴就把这种现象命名为"X光"——X是数学上通常采用的未知数符号。1896年1月23日，维尔兹堡大学教授克里克尔称"X光"为"伦琴射线"。

后来，伦琴专门放下其他的研究集中精力调查X射线的特性。经研究他发现：X射线能使许多物质发光；X射线可以穿透不透光物质，

他特别注意到，X 射线能够透过他的肉体，只是为骨骼所阻，把手放在阴极射线管和荧光屏之间，能够在荧光屏上看到手骨的影子；X 射线是直线，它与充电粒子束不同，不因磁场而折射……最后，伦琴以高超的实验技巧取得了 9 项关于 X 光重要性质的成果。1901 年第一届诺贝尔物理学奖评选时，29 封推荐信中就有 17 封集中推荐他。伦琴最终获得了第一次诺贝尔物理学奖金。1923 年，伦琴在德国慕尼黑病逝，终年 78 岁。

2. 1896 年贝克勒尔发现放射性

1896 年法国物理学家安东尼·亨利·贝克勒尔发现了放射性。他发现铀盐能放射出穿透力很强的，并能使照相底片感光的一种不可见的射线。经过研究表明，它是由三种成分组成的：

一种是高速运动的氦原子核的粒子束，称为 α 射线，它的电离作用大，贯穿本领小；

另一种是高速运动的粒子（电子）束，称为 β 射线，它的电离作用较小，贯穿本领大；

第三种是波长很短的电磁波，称为 γ 射线，它的电离作用小，贯穿本领最大。

以上三种射线，由于它们的电离作用贯穿本领，在工业、农业、医学和科学研究重要的应用。

安东尼·亨利·贝克勒尔是法国科学院院士，擅长于荧光和磷光的研究。1895 年底，伦琴将他的初步研究成果：《一种新射线》和一些 X 射线照片分别寄给各国著名的物理学家，其中包括法国的庞加莱（H. Poincare）。庞加莱是著名的数学物理学家、法国科学院院士。1896 年 1 月 20 日法国科学院开会，他拿出伦琴寄给他的论文，并展示给与会的科学家。这件事情极大地吸引了亨利·贝克勒尔的兴趣。他问这种穿透射线是怎样产生的？庞加莱回答说，这一射线似乎是从阴极对面发荧光的那部分管壁上发出的。贝克勒尔推想，可见光的产生和不可见 X 射线的产生或许是出于同一机理。第二天他就开始实验荧光物质会不会产生 X 射线。然而，贝克勒尔最初的一些实验却是失败的。正在这时，庞加莱在法国的一家杂志上发表了一篇介绍 X 射线的文章，文章有一处提到荧光物质是否会同时辐射可见光和 X 射线的问题。

贝克勒尔读后很受鼓舞，于是再次投入荧光和磷光的实验，终于找到了铀盐有这种效应，他用厚黑纸包了一张感光底片，纸非常厚，即使放在太阳下晒一整天也不至于使底片感光。他在黑纸上面放一层铀盐，然后拿到太阳下晒几个小时，显影之后，他在底片上看到了磷光物质的黑影。然后他又在磷光物质和黑纸之间夹一层玻璃，也作出同样的实验，证明这一效应不是由于太阳光线的热使磷光物质发出某种蒸气而产生化学作用所致。于是得出结论：铀盐在强光照射下不但会发可见光，还会发穿透力很强的 X 射线。

后来的进一步研究发现，即使不在阳光照射下，铀盐也会发射射线；且这种射线并非 X 射线，只是具有一些与 X 射线相似的性质——放射性现象被发现了。

发现放射性的初期，人们不知它的危害，贝克勒尔由于在毫无防护下长期接触放射物质，身体健康受到严重损害，50 多岁就去世了。科学界为了表彰他的杰出贡献，将放射性物质的射线定名为"贝克勒尔射线"。1975 年第十五届国际计量大会为纪念法国物理学家安东尼·亨利·贝克勒尔，将放射性活度的国际单位命名为贝可勒尔，简称贝可，符号 Bq。放射性元素每秒有一个原子发生衰变时，其活度即为 1 贝可。原单位居里（1 居里 $= 3.7 \times 10^{10}$ 贝可）同时作废。

3. 1886 年德国物理学家戈德斯坦发现质子

1886 年德国物理学家戈德斯坦（Goldstein）在放电管中使用了多孔的阴极，高压放电时，发现除了有阴极射线由阴极射向阳极外，在阴极后面出现带正电粒子的射线，向阴极射线的反方向发射，打在末端荧光屏上产生荧光。戈德斯坦还发现这种新射线也能被电场和磁场偏转，但偏转的方向正好同阴极射线相反，而且这种新射线的荷质比是可变

的，并且比电子的荷质比要小，这种新射线还常常带有颜色。这些性质都与放电管中残留气体的本性有关。

汤姆逊最后完全弄清楚了这种新射线的本性，这种新射线是由带正电荷的物质粒子即残留气体的正离子组成的，放电管中残留气体的分子受到阴极射线的轰击丢失了电子变成阳离子，它们便向阴极加速运动，冲过阴极上的小孔射出，成为阳极射线。如果放电管中残留气体是氢气，那么组成阳极射线的便是氢离子 H^+，即氢原子核，人们给 H^+ 起名叫质子。经测定，质子的质量为 1.6726×10^{-24} 克，即 1.007276 原子量单位（amu），并带有一个电子单位的正电荷，就是说与电子的电量相等但符号相反。它与电子一样，是原子内的基本粒子之一。

4.1897 年英国物理学家汤姆逊发现电子

电子是人们最早发现的带有单位负电荷的一种基本粒子。英国物理学家汤姆逊在 1897 年第一次用实验证明了电子的存在。

汤姆逊是一位很著名的物理学家。他在 28 岁时成为英国皇家学会会员，并且担任了有名的卡文迪许实验室主任。X 射线的发现，特别是它可以穿透生物组织而显示其骨骼影像的能力，给予英国卡文迪许实验室的研究人员以极大激励。汤姆逊倾向于克鲁克斯的观点，认为它是一种带电的原子。

导致 X 射线产生的阴极射线究竟是什么？德国和英国物理学家之间出现了激烈的争论。德国物理学家赫兹于 1892 年宣称阴极射线不可能是粒子，而只能是一种以太波。所有德国物理学家也附和这个观点，但以克鲁克斯为代表的英国物理学家却坚持认为阴极射线是一种带电的粒子流，思路极为敏捷的汤姆逊立即投身到这场事关阴极射线性质的争论之中。

1895 年，法国年轻的物理学家佩兰在他的博士论文中，谈到了测定阴极射线电量的实验。他使阴极射线经过一个小孔进入阴极内的空间，并打到收集电荷的法拉第筒上，静电计显示出带负电；当将阴极射线管放到磁极之间时，阴极射线则发生偏转而不能进入小孔，集电器上的电性立即消失，从而证明电荷正是由阴极射线携带的。佩兰通过他的实验结果明确表示支持阴极射线是带负电的粒子流这一观点，但当时他认为这种粒子是气体离子。对此，坚持阴极射线是以太波的德国物理学家立即反驳，认为即使从阴极射线发出了带负电的粒子，但它同阴极射线路径一致的证据并不充分，所以静电计所显示的电荷不一定是阴极射线传入的。

对于佩兰的实验，汤姆逊也认为给以太说留下了空子，为此，他专门设计了一个巧妙的实验装置，重做佩兰实验。他将两个有隙缝的同轴圆筒置于一个与放电管连接的玻璃泡中；从阴极 A 出来的阴极射线通过管颈金属塞的隙缝进入该泡；金属塞与阴极 B 连接。这样，阴极射线除非被磁体偏转，不会落到圆筒上。外圆筒接地，内圆筒连接验电器。当阴极射线不落在隙缝时，送至验电器的电荷就是很小的；当阴极射线被磁场偏转落在隙缝时，则有大量的电荷送至验电器。电荷的数量令人惊奇：有时在一秒钟内通过隙缝的负电荷，足能将 1.5 微法电容的电势改变 20 伏特。如果阴极射线被磁场偏转很多，以至超出圆筒的隙缝，则进入圆筒的电荷又将它的数值降到仅有射中目标时的很小一部分。所以，这个实验表明，不管怎样用磁场去扭曲和偏转阴极射线，带负电的粒子都与阴极射线有着密不可分的联系。这个实验证明了阴极射线和带负电的粒子在磁场作用下遵循同样路径，由此证实了阴极射线是由带负电荷的粒子组成的，从而结束了这场争论，也为电子的发现奠定了基础。

5. 1897 年英国物理学家查德威克发现中子

发现电子和质子以后，人们开始认为原子核是由电子和质子组成的，因为 α 粒子和 β 粒子都是从原子核里放射出来的。但卢瑟福的学生莫塞莱注意到，原子核所带正电数与原子序数相等，但原子量却比原子序数大，这说明，如果原子核光由质子和电子组成，它的质量是不够的，因为电子的质量可忽略不计。在此基础上，卢瑟福早在 1920 年就

猜测可能还有一种电中性的粒子。

卢瑟福的另一位学生——英国物理学家查德威克在卡文迪什实验室里寻找这种电中性粒子，他一直在设计一种加速方法使质子获得高能，从而撞击原子核，以发现有关中性粒子的证据。1929年，他准备对铍原子进行轰击。

与此同时，德国物理学家博特及其学生贝克尔已经先行一步。他们共同合作用α粒子轰击一系列元素，在对铍原子核进行轰击实验时，发现有一种未知辐射产生。为了确定这种辐射的一些性质，他们试着把各种物体放在辐射经过的路途上，结果发现这种辐射的贯穿能力极强，能穿透几厘米厚的铅板。当时知道，能有这样强辐射能力的只有γ射线。因此，他们认为这种辐射是γ射线的一种。

1931年，法国物理学家居里夫妇用当时最强大的放射性钋（Po）源所产生的α射线重复了博特-贝克尔的实验，研究了用α粒子轰击铍时发生的"铍辐射"，除了得到与博特-贝克尔相同的结果外，他们还惊奇地发现，这种辐射能将含氢物质中的质子击出。人们从未发现γ射线具有这种性质，但居里夫妇想不出这种辐射还能是什么别的东西。他们仅仅报道说，发现α射线能够产生一种新的作用。

1932年这些结果公布后，见到德国和法国同行的实验结果，查德威克意识到，这种新射线可能就是多年来苦苦寻找的中子。他立即利用实验室的优越条件重复了同样的实验，证明所谓"铍辐射"是电中性的粒子流，而且这种粒子具有几乎与质子相等的质量。不到一个月，查德威克就发表了《中子可能存在》的论文。他指出，γ射线没有质量，根本不可能将质子从原子核里撞出来，只有那些与质子质量大体相当的粒子才有这种可能。他并且测量了中子的质量，确证了中子确实是电中性的。查德威克找到了12年前他的老师卢瑟福所预言的粒子—中子，为此，他获得了1935年的诺贝尔物理学奖。

多年以后，博特为自己发现了"铍辐射"却没有认识到它就是中子而深感遗憾。连居里也表示，如果他们去听了卢瑟福1932年的一场演讲，就不会失去这次重大发现的良机，因为卢瑟福就是在那场演讲中谈到自己对中子存在的猜想。这是科学史上著名的一个"真理碰上了鼻子还没有发现"的例子。

6. 亚原子粒子的发现

亚原子粒子是指比原子还小的粒子，如电子、中子、质子、介子、夸克、胶子、光子等等。

现代粒子物理学的研究集中在亚原子粒子上。这些粒子的结构比原子要小，其中包括原子的组成部分如电子、质子和中子（质子和中子本身又是由夸克所组成的粒子）和放射和散射所造成的粒子如光子、中微子和渺子，以及许多其他奇特的粒子。

但是严格来说，"粒子"这个称呼并不十分准确。粒子物理学中研究的所有的物体都遵守量子力学的规则，它们都显示波粒二象性，根据不同的实验条件它们显示粒子的特性或波的特性。在物理理论中，它们既非粒子也非波，理论学家用希尔伯特空间中的状态向量来描写它们，但按照粒子物理学的常规这些物体依然被称为"粒子"，虽然这些粒子也具有波的特性。

今天所知的所有基本粒子都可以用一个叫做标准模型的量子场论来描写。标准模型是目前粒子物理学中最好的理论，它包含 47 种基本粒子，这些基本粒子相互结合可以形成更加复杂的粒子。从 1960 年代以来实验物理学家已经发现和观察到了上百种合成粒子了。标准模型理论几乎与至今为止观察到的所有的实验数据相符合。虽然如此大多数粒子物理学家相信它依然是一个不完善的理论，一个更加基本的理论还有待发现。最近发现的中微子静质量不为零是第一个与标准模型出现偏差的实验观测。

二、原子结构模型

1. 道尔顿原子模型

18 世纪末，英国化学家道尔顿（Dalion，1766～1844）通过大量实

验与分析，认识到原子是真实存在的，并确信物质是由原子结合而成的。他于 1808 年出版了《化学哲学新体系》一书，提出了原子学说，认为每种单质均由很小的原子组成，不同的单质由不同质量的原子组成；并认为原子是一个坚硬的小球，在一切化学变化中保持基本性质不变。此后近一百年，关于原子的结构的认识没有大的变化。

道尔顿

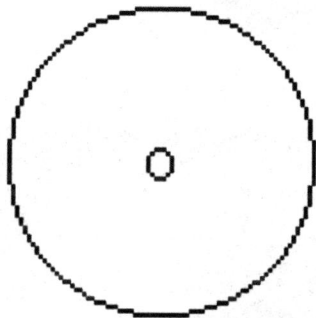

道尔顿原子模型想象图形

2. 汤姆逊的原子结构模型

汤姆逊（Joseph John Thomson，1856～1940）继续对原子结构进行更加系统的研究，尝试来描绘原子结构。汤姆逊以为原子含有一个均匀的阳电球，若干阴性电子在这个球体内运行。他按照迈耶尔（Alfred Mayer）关于浮置磁体平衡的研究证明，如果电子的数目不超过某一限度，则这些运行的电子所成的一个环必能稳定。如果电子的数目超过这一限度，则将列成两环，如此类推以至多环。这样，电子的增多就造成了结构上呈周期的相似性，而门捷列夫周期表中物理性质和化学性质的重复再现，或许也可得到解释了。

探索化学的奥秘 TANSUO HUAXUE DE AOMI

汤姆逊

汤姆逊提出的这个模型，电子分布在球体中很有点像葡萄干点缀在一块蛋糕里，很多人把汤姆逊的原子模型称为"葡萄干蛋糕模型"。它不仅能解释原子为什么是电中性的，电子在原子里是怎样分布的，而且还能解释阴极射线现象和金属在紫外线的照射下能发出电子的现象。而且根据这个模型还能估算出原子的大小约 10^{-8} 厘米。

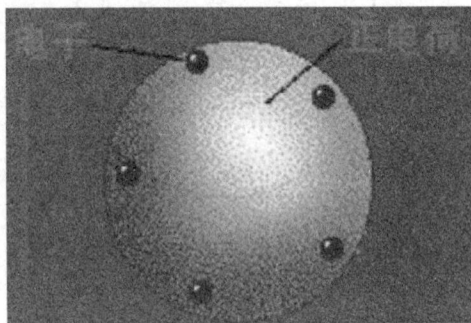

汤姆逊的原子模型图

3. 卢瑟福的原子结构模型

在放射性研究中，人们发现放射性物质所发出的射线实际属于不同的种类，放射性以 α、β 或 γ 射线三种方式释放出来，它们后来被更加具体地加以识别。α 射线是高速的氦原子核，带正电；β 射线是电子，带负电；那些不受电磁影响的电磁波称为 γ 射线（实际上是高能量的质子）。

新西兰物理学家卢瑟福发现：在聚集起来的、电中和了的 α 粒子中

显示出氦的黄色光谱线，证实了 α 粒子和氦离子的同一性，也证明了氦元素起源于其他元素。除了少数例外，一种放射性元素或者发射 α 射线、或者发射 β 射线，发射 α 射线的元素变成周期表中居于前两位的元素，其质量减少 4，发射 β 射线的变成周期表中居于下一位的元素，质量不变。伴随着 α 或 β 衰变，常常会放射出 γ 射线。γ 射线贯穿力特别强，是一种能量高的电磁辐射，它不会引起元素在周期表上位置的变化，只是释放该元素原子内部过剩的能量。

卢瑟福

放射性的发现说明了原子具有复杂的内部结构，也打破了长期以来人们认为原子是永恒不变的观念，因为天然放射性元素的原子就在不断地以一定规律进行变化。但是，能不能使自然界中稳定的元素原子也发生变化？卢瑟福想到，α 粒子是从放射性元素的原子是释放出来的，如果将 α 粒子当作"炮弹"打进稳定元素的原子去，会有什么结果？

1910 年，卢瑟福与其他科学家合作进行了 α 粒子在金和其他金属薄膜中的散射试验。根据试验的结果，卢瑟福建立了原子的有核模型：原子的正电荷和质量集中在原子中心一个很小的区域内，并把它叫做原子核，原子中的电子像行星绕着太阳那样绕着原子核运动，

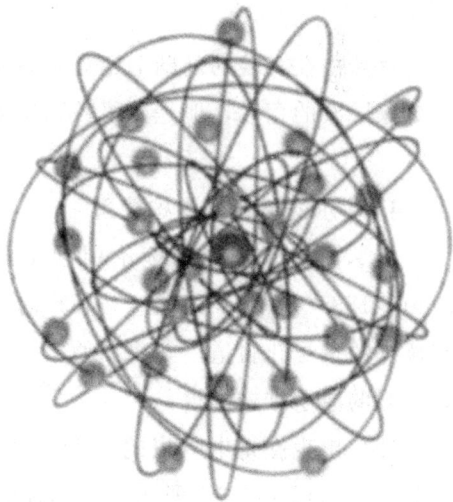

卢瑟福原子结构模型图

原子中的空间也像太阳系中的空间一样，绝大部分是空荡荡的。由于原子表现出电中性，原子核一定是带正电的，其带电量与核外电子所带负电量一样。

1914 年，卢瑟福用阴极射线轰击氢，结果使氢原子的电子被打掉，变成了带正电的阳离子，它实际上就是氢的原子核，也是最轻的原子核。卢瑟福推测，它就是人们从前所发现的与阴极射线相对的阳极射线，它的电荷量为一个单位，质量也为一个单位，卢瑟福将它命名为质子。在新的原子模型的基础上，卢瑟福估计原子核的半径约为 10^{-14} 米，大约只有原子半径的万分之一。原子的绝大部分质量集中在如此小的原子核内，因此核内物质的密度极高，它比通常物质的密度大约高出 10^{12} 倍，1 立方厘米的核物质将有约千吨重的量级。

1919 年，卢瑟福用加速了的高能 α 粒子轰击氮原子，结果发现有质子从氮原子核中被打出，而氮原子也变成了氧原子。这可能是人类第一次真正将一种元素变成另一种元素，但是，这种元素质变的几率非常渺小，因为几十万个粒子中才有一个被高能粒子打中。到 1924 年，卢瑟福已经从许多轻元素的原子核中打出了质子，进一步证实了质子的存在。

卢瑟福在实验的基础上建立了原子的核模型，提示了原子核这一物质更深层次的存在，他是原子核物理的开拓者，也是探索原子核奥秘的先驱。

4. 玻尔的氢原子结构模型

卢瑟福的原子结构理论引起了丹麦年轻科学家尼·玻尔（Niels Bohr，1885～1962）的注意。在卢瑟福模型的基础上，玻尔提出了电子在核外的量子化轨道，解决了原子结构的稳定性问题，描绘出完整而令人信服的原子结构学说。

玻尔出生在哥本哈根的一个教授家庭，1911 年获哥本哈根大学博士学位。1912 年 3～7 月曾在卢瑟福的实验室进修，在这期间孕育了他的原子理论。玻尔首先把普朗克的量子假说推广到原子内部的能量，来

解决卢瑟福原子模型在稳定性方面的困难，假定原子只能通过分立的能量子来改变它的能量，即原子只能处在分立的定态之中，而且最低的定态就是原子的正常态。接着他在友人汉森的启发下从光谱线的组合定律达到定态跃迁的概念，他在 1913 年 7、9 和 11 月发表了长篇论文《论原子构造和分子构造》的三个部分。

玻尔的原子理论给出这样的原子图像：电子在一些特定的可能轨道上绕原子核做圆周运动，离核愈远能量愈高；可能的轨道由电子的角动量必须是 $h/2\pi$ 的整数倍决定；当电子在这些可能的轨道上运动时原子不发射也不吸收能量，只有当电子从一个轨道跃迁到另一个轨道时原子才发射或吸收能量，而且发射或吸收的辐射是单频的，辐射的频率和能量之间关系由 $E=h\nu$ 给出。玻尔的理论成功地说明了原子的稳定性和氢原子光谱线规律。

玻尔的理论大大扩展了量子论的影响，加速了量子论的发展。1915 年，德国物理学家索末菲（Arnold Sommerfeld，1868～1951）把玻尔的原子理论推广到包括椭圆轨道，并考虑了电子的质量随其速度而变化的狭义相对论效应，导出光谱的精细结构同实验相符。

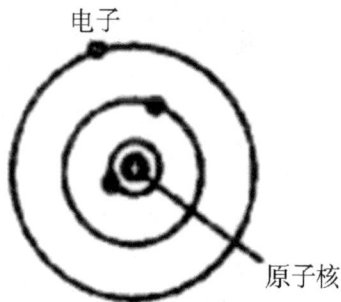

玻尔

电子

原子核

波尔原子结构示意图

5. 电子云模型

1920 年卢瑟预言原子核中一定有中性的粒子，在 1932 年经过不少科学家反复实验证实了中子的存在，解释了为什么原子的质量要比质子和电子的总质量大。经过大量科学家的努力，建立了目前流行的原子模型。在该模型中，电子绕核高速运动，在一个确定的时刻不能精确测定电子的确切位置。为了描写电子的运动规律，用电子云表示电子在原子周围各区域出现几率的大小。将这种几率分布用图像表示时，以浓淡程度表示几率的大小，其形象如同电子在原子核周围形成的云雾团。

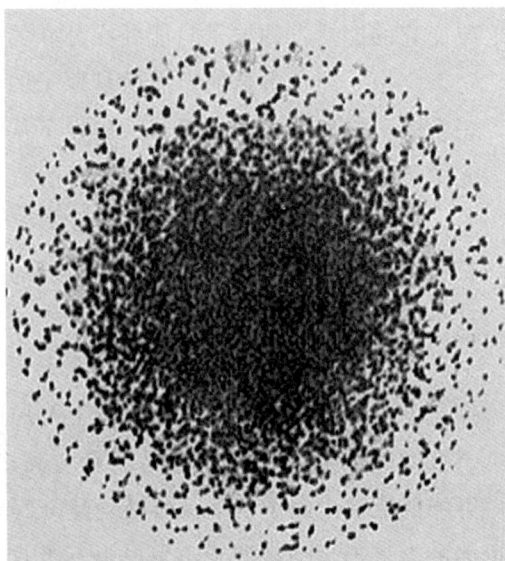

在通常情况下的氢原子电子云示意图

第三章 化学基本知识

第一节 原子的基本结构

原子是化学元素最小的组成单位，是组成分子和物质的基本单元。它具有该元素的化学性质。原子由带正电荷的原子核与在原子核周围运动的带负电的电子组成。核电荷数或原子序数 Z，是组成原子核的质子数。原子是非常微小的粒子。原子的直径大约是 10^{-8} 厘米，质量大约是 10^{-23} 克。原子的概念是由英国著名化学约翰·道尔顿提出的。1803 年，道尔顿发表"原子说"，提出所有的物都是由原子构成的。

原子的中心是由核子（质子和中子）组成的原子核，占据了整个原子的绝大部分质量。原子核中的质子和中子紧密地堆在一起，因此原子核的密度很大。质子和中子的质量大致相等，中子略高一些。质子带正电荷，中子不带电荷，是电中性的。所以整个原子核是带正电荷的。原子核即使和原子相比，还是非常细小的——比原子要小 10 万倍。原子的大小主要是由最外电子层的大小所决定的。有人说如果将原子比喻成一个足球场，那么原子核就是足球场中央的一颗绿豆。所以原子几乎是空的，被电子占据着。

电子是带负电荷的，它们很轻，质量只相当于质子的约 1/1836。它们围绕着原子核高速地运转着。电子围绕原子核的轨道并不都一样。它们在电子层内围着原子核转，那些最接近原子核的在一层，远一些的又在另外一层。每一层都有一个数字。最内层的是层 1，外一层的是层 2，如此类推。每一层都可以容纳一个最高限量数的电子数目，层 1 可容纳 2 个，层 2 可容纳 8 个，层 3 可容纳 18 个，层 4 可容纳 32 个，越往外层可容纳的电子就越多。若设层数为 n，则第 n 层可容纳电子数为 $2n^2$ 个。最外层电子不大于 8 个，最接近最外层的电子层不大于 18 个，但也有特例。

在电中性的原子中，质子和电子的数量数一样的。而中子的数目不一定等于质子的数目。带电荷的原子叫离子。电子数目比质子小的原子带正电荷，叫阳离子。相反的原子带负电荷，叫阴离子。金属元素最外层电子一般小于 4 个，在反应中易失去电子，趋向达到稳定的结构，成为阳离子，非金属元素最外层电子一般多于 4 个，在化学反应中易得到电子，趋向达到稳定的结构，成为阴离子。

原子序决定了原子是哪个族或哪类元素。所有相同原子序的原子在很多物理性质都是一样的，所显示的化学反应都一样。质子和中子数目的总和叫质量数。中子的数目对该原子的元素并没有任何影响：在同一元素中，有不同的成员，每个的原子序是一样的，但质量数都不同。这些成员叫同位素。元素的名字是用它的元素名称紧随着质量数来表示，如碳 14（每个原子中含有 6 个质子和 8 个中子）。

第二节　分子

分子是物质中能够独立存在的相对稳定并保持该物质物理化学特性的最小单元。分子由原子组成，原子通过一定的作用力，以一定的次序和排列方式结合成分子。以水分子为例，将水不断地分割下去，直至不破坏水的特性，这时出现的最小单元是由两个氢原子和一个氧原子组成的水分子。它的化学式写作 H_2O。有的分子只由一个原子构成，称单原子分子，如氦和氩等分子属此类，这种单原子分子既是原子又是分子。由两个原子构成的分子称双原子分子，例如氧分子（O_2），由两个

氧原子构成，为同核双原子分子；一氧化碳分子（CO），由一个氧原子和一个碳原子构成，为异核双原子分子。由两个以上的原子组成的分子统称多原子分子。分子中的原子数可为几个、十几个、几十个乃至成千上万个。例如二氧化碳分子（CO_2）由一个碳原子和两个氧原子构成。一个苯分子包含 6 个碳原子和 6 个氢原子（C_6H_6），一个猪胰岛素分子包含几百个原子，其分子式为 $C_{255}H_{380}O_{78}N_{65}S_6$。

分子是独立存在而保持物质化学性质的最小粒子。分子有一定的大小和质量；分子间有一定的间隔；分子在不停地运动；分子间有一定的作用力；分子可以构成物质，分子在化学变化中还可以被分成更小的微粒：原子。分子可以随着温度的变化，在固液化三种状态中互相转换。同种分子性质相同，不同分子性质不同。最小的分子是氢分子的同位素，是没有中子的氢分子，称为气，质量是 1。相对分子质量在数千以上的分子叫做高分子。分子是组成物质的微小单元，它是能够独立存在并保持物质原有的一切化学性质的最小微粒。分子一般由更小的微粒原子构成。

最早提出比较确切分子概念的是意大利化学家 A·阿伏伽德罗，他于 1811 年发表了分子学说，认为："原子是参加化学反应的最小质点，分子则是在游离状态下单质或化合物能够独立存在的最小质点。分子是由原子组成的，单质分子由相同元素的原子组成，化合物分子由不同元素的原子组成。在化学变化中，不同物质的分子中各种原子进行重新结合。"从这以后，在很长的一段时间里，化学家都把分子看成比原子稍大一点的微粒。1920 年，德国化学家 H·施陶丁格开始对这种小分子一统天下的观点产生怀疑，他的根据是：利用渗透压法测得的橡胶的分子量可以高达 10 万左右。他在论文中提出了大分子（高分子又称高分子聚合物，高分子是由分子量很大的长链分子所组成，高分子的分子量从几千到几十万甚至几百万）的概念，指出天然橡胶不是一种小分子的缔合体，而是具有共价键结构的长链大分子。高分子还具有它本身的特点，例如高分子不像小分子那样有确定不变的分子量，它所采用的是平均分子量。

分子的构型和构象相同成分的分子中，若原子的排列次序和排列方式不同，可形成不同的分子。例如 C_2H_6O 分子可以排列为乙醇分子，也可以排列为二甲醚分子，它们的结构式所示分子的结构式反映分子内部原子的排列次序。组成分子的成分相同，而排列次序不同，形成两种或两种以上的分子，这种现象称为同分异构现象，这些成分相同结构不同的分子称为同分异构体。

第三节　常见的化学名称

一、原子半径

原子半径一般是指原子的尺寸，并不是一个精确的物理量，并且在不同的环境下数值也不同。原子半径完全由电子决定，原子核的大小为电子云的十万分之一。需要注意的是，原子核并没有固定的位置，而电子云没有固定的边界。因此，原子半径的数值也是相对的说法。

二、阴离子

阴离子是指原子由于自身的吸引作用从外界吸引到一个或几个电子使其最外层电子数达到 8 个或 2 个电子的稳定结构。半径越小的原子其吸收电子的能力也就越强，就越容易形成阴离子，非金属性就越强。非金属性最强元素是氟。原子最外层电子数大于 4e 的电子，形成阴离子。通常，非金属元素都易形成阴离子。阴离子形成的化合价是负价。如 S^{2-}。

三、阳离子

阳离子是指原子由于外界作用失去一个或几个电子，使其最外层电子数达到 8 个或 2 个电子的稳定结构。原子半径越大的原子其失电子能

力越强，金属性也就越强。阳离子形成的化合价一般是正价，如 Fe^{3+}。

四、化合价

化合价是指由一定元素的原子构成的化学键的数量。当原子最外层的电子数达到 2 个或 8 个是最稳定的状态。但是除了惰性气体外，没有一种元素的原子最外层电子数是 2 个或 8 个，所以如果最外层电子数少则趋向于丧失，多则趋向于夺取，以达到 2 个或 8 个的稳定状态。为达到 2 或 8 原子需要夺取或丧失的电子数就是化合价。如 Na^+ 表示钠原子有 11 个电子，第一层是 2 个电子，第二层是 8 个电子，第三层只有 1 个电子，由于最外层的一个电子极容易丢失，于是就形成了钠离子，其化合价为 +1。

五、同位素与同素异形体

同位素同属于某一化学元素，其原子具有相同数目的电子和质子，但却有不同数目的中子（例如氢的同位素——氕、氘和氚，它们的原子核中都有 1 个质子，但是它们的原子核中分别有 0 个中子、1 个中子及 2 个中子，所以它们互为同位素）。

同位素是具有相同原子序数的同一化学元素的两种或多种原子之一，在元素周期表上占有同一位置，化学性质几乎相同，但原子质量或质量数不同，故其质谱性质、放射性转变和物理性质有所差异。同位素的表示是在该元素符号的左上角注明质量数。如碳的同位素碳 14 的表示方法是：^{14}C。

同素异形体，是指由同样的单一化学元素构成，但性质却不相同的单质。同素异形体之间的性质差异主要表现在物理性质上，化学性质上也有着活性的差异。例如磷的两种同素异形体红磷和白磷，它们的着火点分别是 240℃ 和 40℃，充分燃烧之后的产物都是五氧化二磷；白磷（P_4）有剧毒，可溶于二硫化碳，红磷（P）无毒，却不溶于二硫化碳。同素异形体之间在一定条件下可以相互转化，这种转化是一种化学变

化。生活中最常见的，有碳的同素异形体：石墨、钻石和富勒烯以及
C－60（又称芙，或巴克球）；臭氧和氧气是氧元素的两种同素异形体。

六、化学反应

化学反应是一个或一个以上的物质（又称反应物）经由化学变化转
化为不同于反应物的产物的过程。

七、化学品

化学品泛指一切有确实化学构造及化学成分的物质，所以又称化学
物质。它们可以是元素、化合物或混合物。日常生活中，我们会遇到的
东西多数都是混合物，例如合金。

八、化学键

化学键是指组成分子或材料的粒子之间互相作用的力量，其中粒子
可以是原子、离子或分子。化学键的物理本质来自于原子和原子之间电
子的电力，量子力学上意指原子间电子的波函数线性叠加。化学键是化
学最重要的概念之一，物理理论本质由莱纳斯·鲍林建立。化学家为能
简洁表述化学键并规避量子力学的复杂性，将化学键分类为共价键、离
子键和金属键，较弱的键结如氢键等。无论分类为何，其物理本质都是
相同的。

九、定律

化学反应的守恒必须符合物理守恒定律，反应前后应符合：

（1）质量守恒定律：一个化学反应发生，物质的总质量不会有任何
变化。

（2）能量守恒定律：化学反应所产生的能量总和不变，只是能量形
式依照反应模式而变化。

（3）电荷守恒定律：化学反应前后的电荷数应守恒。

第四节　物理性质与化学性质

一、物理性质

物质不需要经过化学变化就表现出来的性质，叫做物理性质。物质的有些性质如颜色、气味、味道，是否易升华、挥发等，都可以通过我们的感官感知，还有些性质如熔点、沸点、硬度、导电性、导热性、延展性等，可以利用仪器测知。还有些性质可通过实验室获得数据、计算得知，如溶解性、密度等。在实验前后物质都没有发生改变。这些性质都属于物理性质。

物理变化和物理性质是两个不同的概念。灯泡中的钨丝通电时发光、发热是物理变化，通过这一变化表现出了金属钨具有能够导电、熔点高、不易熔化的物理性质。而物质发生变化时没有生成新物质，这种变化叫做物理变化。如水蒸发是物理变化，水能蒸发是物理性质。物理变化是一个过程，而物理性质是一个结论。

二、化学性质

物质在发生化学变化时才表现出来的性质叫做化学性质。这牵涉到物质分子（或晶体）化学组成的改变，如可燃性、不稳定性、酸性、碱性、氧化性、还原性跟某些物质起反应呈现的现象等。

化学性质和化学变化是两个不同的概念。蜡烛燃饶是化学变化；蜡烛燃烧时呈现的现象是它的化学性质。物质的化学性质由它的结构决定，而物质的结构又可以通过它的化学性质反映出来。物质的用途由它的性质决定。

物质在化学变化中才能表现出来的性质叫做化学性质。物质发生变化时生成新物质，这种变化叫做化学变化，又叫做化学反应。化学性质的特点是测得物质的性质后，原物质消失了。如人们可以利用燃烧的方法测物质是否有可燃性。物质在化学反应中表现出的氧化性、还原性、各类物质的通性等，都属于化学性质。

第五节　单质、化合物和混合物

一、单质

单质是由同种元素组成的纯净物。元素在单质中存在时称为元素的游离态。一般来说，单质的性质与其元素的性质密切相关。如一些金属元素的金属性很明显，那么它们的单质还原性就很强。不同种类元素的单质，其性质差异在结构上反映得最为突出。

二、化合物

化合物由两种或两种以上元素的原子（指不同元素的原子种类）组成的纯净物，是指从化学反应之中所产生的纯净物（区别于单质）。化合物的种类很多，主要分为有机化合物、无机化合物和高分子化合物等。有机化合物含有碳氢化合物（或叫做烃），如甲烷（CH_4）；无机化合物不含碳氢化合物，如硫酸铅（$PbSO_4$）；离子化合物，一般含有金属元素，例如氧化钠。目前人类已知的化合物有多少种呢？各方面的统计不太一致。比较权威的是美国《化学文摘》编辑部的统计：已发现天然存在的化合物和人工合成的化合物，大约有 300 多万种。这些化合物有的是由两种元素组成的，有的是由三种、四种以至更多的化学元素组成的。每年依然有新合成的化合物数量达 30 余万，其中 90％以上是有机化合物。

三、混合物

混合物是由两种或两种以上纯物质（单质或化合物）混合而成的。无固定组成和性质，而其中的每种单质或化合物都保留着各自原有的性

质。混合物可以用物理方法将所含物质加以分离，因为它不是经化学合成而组成的。

1. 化合物与混合物的主要区别

（1）化合物的组成元素不再保持单质状态时的性质；混合物没有固定的性质，各物质保持其原有性质（如没有固定的熔、沸点）。

（2）化合物的组成元素必须用化学方法才可分离。

（3）化合物组成通常恒定。混合物由不同种物质混合而成，没有一定的组成，不能用一种化学式表示。

2. 元素、单质、化合物的主要区别

要明确单质和化合物是从元素角度引出的两个概念，即由同种元素组成的纯净物叫做单质，由不同种元素组成的纯净物叫做化合物。无论是在单质还是化合物中，只要是具有相同核电荷数的一类原子，都可以称为某元素。

三者的主要区别是：元素是组成物质的成分，而单质和化合物是指元素的两种存在形式，是具体的物质。元素可以组成单质和化合物，而单质不能组成化合物。

第四章　化学基本要素

第一节　氧

一、氧元素的发现

氧元素在元素周期表中的序号为 8，元素符号是 O。

一些人认为世界上最早发现氧气的是我国唐朝的炼丹家马和。马和认真地观察各种可燃物，如木炭、硫黄等在空气中燃烧的情况后，提出的结论是：空气成分复杂，主要由阳气（氮气）和阴气（氧气）组成，其中阳气比阴气多得多，阴气可以与可燃物化合把它从空气中除去，而阳气仍可安然无恙地留在空气中。马和进一步指出，阴气存在于青石（氧化物）、火硝（硝酸盐）等物质中，如用火来加热它们，阴气就会放出来。他还认为水中也有大量阴气，不过难把它取出来。马和的发现比欧洲早 1000 年，他把毕生研究的成果记录在一本名叫《平龙认》的书中，该书 68 页，出版日期是唐至德元年（756）三月九日，一直流传到清代，后被德国侵略者乘乱抢走。

1774 年英国化学家 J·普里斯特利里和他的同伴用一个大凸透镜将太阳光聚焦后加热氧化汞，制得纯氧，并发现它能助燃和帮助呼吸，称为"脱燃素空气"。瑞典 C·W·舍勒用加热氧化汞和其他含氧酸盐制得氧气虽然比普里斯特利还要早一年，但他的论文《关于空气与火的化

学论文》直到 1777 年才发表，但他们二人确属各自独立制得氧。1774
年，普里斯特利访问法国，把制氧方法告诉拉瓦锡。拉瓦锡于 1775 年
重复这个实验，把空气中能够帮助呼吸和助燃的气体称为 oxygene，这
个字来源于希腊文 oxygenēs，含义是"酸的形成者"。因此，后世把这
三位学者都确认为氧气的发现者。

二、氧气的性质

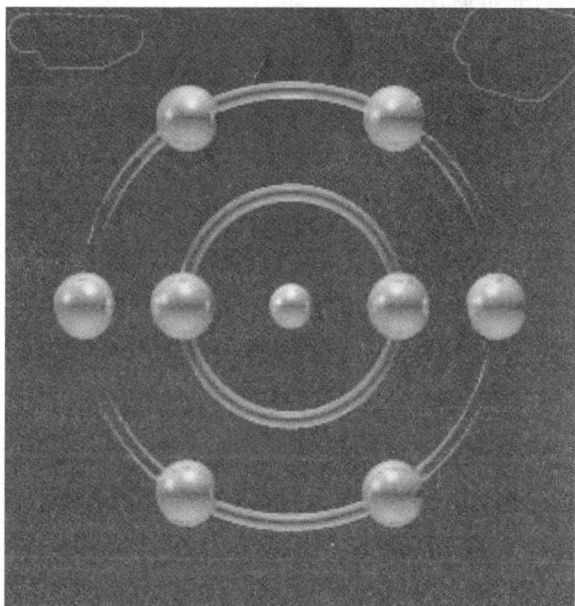

氧的原子结构图（氧是由 8 个电子组成）

1. 物理性质

氧气在通常条件下，为无色、无臭、无味的气体。熔点为
$-218.4℃$；沸点为 $-182.96℃$。在标准状况下（$0℃$，大气压强为 1.013
$\times 10^5$ 帕）气体密度为 1.429 克/升，比空气略重。微溶于水，$0℃$ 氧气压
强为 1.013×10^5 帕时，1 升水能溶解 49 毫升的氧气，这是水中生物生
存的保证。在大气压强为 1.013×10^5 帕时，降低气体温度，到沸点时，

开始变为淡蓝色液体，称为"液氧"，在熔点时"液氧"变成雪花状的淡蓝色固体。氧在地壳中的含量占第一。干燥空气中含有 20.946％体积的氧；水由占 88.81％重量的氧组成。

2. 化学性质

氧气是一种化学性质比较活泼的气体，它可以与金属、非金属、化合物等多种物质发生氧化反应。反应剧烈程度因条件不同而异，可表现为缓慢氧化、烧、爆等，反应中放出大量的热。

（1）氧气与非金属反应

①木炭在氧气里剧烈燃烧，发出白光，生成无色、无气味能使澄清石灰水变浑浊的气体二氧化碳（CO_2）。

②硫在氧气里剧烈燃烧，产生明亮的蓝紫色火焰，生成无色的气体二氧化硫（SO_2）。

③白磷能与空气中氧气的发生缓慢氧化，达到着火点（40℃）时，引起自燃。

④氢气在氧气中燃烧，产生淡蓝色火焰，罩一干冷烧杯在火焰上，有水生成。

（2）氧气与金属反应

①镁在空气中或在氧气中剧烈燃烧，发出耀眼白光，生成白色粉末状物质氧化镁（MgO）。

②红热的铁丝在氧气中燃烧，火星四射，生成黑色固体物质四氧化三铁（Fe_3O_4）。

（3）氧气与化合物反应

①一氧化碳在氧气中燃烧产生蓝色火焰，产生使澄清石灰水变浑浊的气体二氧化碳。

③甲烷（沼气）在氧气中燃烧产生使石灰水变浑浊的气体二氧化碳和水。

④蜡烛在氧气中剧烈燃烧生成二氧化碳和水。

3. 氧的同位素

氧的同位素很多，共有 17 个同位素。自然界中氧以 ^{16}O、^{17}O、^{18}O 三种同位素的形式存在，相对丰度分别为 99.756％、0.039％、0.205％，天然物质的氧同位素组成通常用由 $^{18}O/^{16}O$ 比值确定的 δ（^{18}O）来描述，一般采用标准平均海洋水（SMOW）作为标准品。

氧同位素在地球科学中广泛用于确定成岩成矿物质来源及成岩成矿温度。在生物学和医学上有广泛应用前景。

三、氧气的同素异形体——臭氧（O_3）

氧气的表示符号是 O_2，臭氧的分子式是 O_3，它们是同素异形体。臭氧又名三原子氧，俗称"福氧、超氧、活氧"。臭氧在常温常压下，呈淡蓝色的气体，伴有一种有鱼腥臭的味道。臭氧的稳定性极差，在常温下可自行分解为氧气，因此臭氧不能贮存。臭氧是目前已知的一种广谱、高效、快速、安全、无二次污染的杀菌气体，可杀灭细菌芽孢、病毒、真菌等，还可以去除果蔬残留农药及洗涤用品残留物的毒性。

1840 年德国 C·F·舍拜恩在电解稀硫酸时，发现有一种特殊臭味的气体释出，因此将它命名为臭氧。当大气层中的氧气发生光化学作用时，便产生了臭氧，因此，在离地面垂直高度 15～25 千米处形成臭氧层。臭氧的分子结构呈三角形，在 200℃时会迅速分解，它比氧的氧化性更强，能将金属银氧化为过氧化银，将硫化铅氧化为硫酸铅，它还能氧化有机化合物，如靛蓝遇臭氧会脱色。

臭氧主要存在于距地球表面 20 千米的同温层下部的臭氧层中。它吸收对人体有害的短波紫外线，防止其到达地球。近年发现地面附近大气中的臭氧浓度有快速增高的趋势。这些臭氧是从哪里来冒出来的呢？同铅污染、硫化物等一样，它也是源于人类活动，汽车、燃料、石化等是臭氧的重要污染源。在一些街道上，我们常常看到空气略带浅棕色，又有一股辛辣刺激的气味，这就是通常所称的光化学烟雾。臭氧就是光化学烟雾的主要成分，它不是直接被排放的，而是转化而成的，比如汽车排放的氮氧化物，只要在阳光辐射及适合的气象条件下就可以生成臭氧。随着汽车和工业排放的增加，地面臭氧污染在欧洲、北美、日本以及我国的许多城市中成为普遍现象。

研究表明，空气中臭氧超过一定浓度时，能导致人皮肤刺痒，眼睛、鼻咽、呼吸道受刺激，肺功能受影响，引起咳嗽、气短和胸痛等症状。

从臭氧的性质来看，它对人类既有帮助也有危害。因此，需要人们加以关注。

四、氧气的制备

氧气现在已经被用于各种途径，因此人们需要掌握制造氧气的方法。由于氧气是自然界存在的，因此制造、生产氧气的方法就是把氧从它的混合物（空气）或化合物（各种氧化物和过氧化物）当中提取出来的方法。

1. 工业制氧

在实验室制备氧气，通常是把氯酸钾等盐类，或者重金属氧化物，或者金属过氧化物，或者双氧水加热使之分解。也可以用电解水的方法制备。

在工业上生产大量氧气的方法是深度冷冻空气分离法，制氧机实际上就是空气分离装置。

我们都知道空气中的主要组成成分是氧气和氮气，而氧气和氮气的沸点是不同的。首先把空气预冷、净化（去除空气中的少量水分、二氧化碳、乙炔、碳氢化合物等气体和灰尘等固体杂质）、压缩、进一步冷却，使之成为液态空气。然后，利用氧和氮的沸点差，经过在精馏塔中把液态空气多次部分蒸发和部分冷凝，将氧气和氮气分离开来，得到纯氧（可以达到99.6%的纯度）。如果增加一些附加装置，还可以提取到氩、氖、氦、氙等在空气中含量极少的稀有惰性气体。

由空气分离装置产出的氧气，经过氧气压缩机的压缩，装入高压钢瓶贮存，或通过管道直接输送到冶炼设备使用。

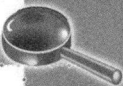

也可以利用氮分子大于氧分子的特性，用特制的分子筛把空气中的氧筛分出来。还有一种办法就是电解法把水放入电解槽中，加入氢氧化钾以提高水的电解度，然后通入直流电，水就分解为氧气和氢气。每制取一立方米氧，同时获得两立方米氢。但是电解法有很多的弊端。从经济角度来说，用电解法制取一立方米氧要耗电 12～15 千瓦时，而空气分离的耗电量只有 0.55～0.60 千瓦。所以，电解法产氧不适用于大量用氧。另外，从水中分离出来的氢气，如果没有妥善的收储办法，在空气中富集起来，很容易同氧气混合，发生破坏力极其剧烈的爆炸。所以，电解法也不能用做家庭用氧的氧源。

2. 化学制氧

氧是非常活泼的一种元素，除了与惰性气体化合之外，氧原子同大部分的元素都可以形成化合物。并且，除了卤素、少数几种贵金属及惰性气体之外，氧元素同所有元素都能在室温或加热的条件下直接化合。

氧同其他元素形成化合物的时候，一般是以原子氧为基础的，属于无机化合物。如果是以单质分子 O_2 或 O_3 为基础，与其他元素形成化合物，则称为无机过氧化合物。

无机过氧化合物的科学研究开始于 18 世纪。德国自然科学家洪堡（1778～1859）采用在高温中把氧化钡氧化的方法，制取了过氧化钡。1810 年，法国化学家盖吕萨克（1778～1850）和泰纳尔（1777～1857）合作制取了过氧化钠和过氧化钾。1818 年，泰纳尔又用酸处理过氧化钡，再经蒸馏而独立发现了过氧化氢。200 年来，化学家们不断潜心研究，使无机过氧化合物化学逐渐成为无机化学的一个分支，在理论和应用方法取得了丰富的成果。

已经发现并且能够合成的无机过氧化合物，包括过氧化物、超氧化物、臭氧化物、过氧酸、过氧络合物等十多个种类。它们各个具有不同的结构、形成机理、化学物理性质和化学反应能力。但是，所有无机过氧化合物都有一个共同点，即在遇热或遇水或遇其他化学试剂的时候，很容易析出活性氧。因此，无机过氧化合物主要以氧化剂和氧源的形式获得实际应用。

五、氧气的用途

1. 冶金工业

在炼钢过程中吹以高纯度氧气，氧便和碳及磷、硫、硅等起氧化反应，这不但降低了钢的含碳量，还有利于清除磷、硫、硅等杂质。而且氧化过程中产生的热量足以维持炼钢过程所需的温度，因此，吹氧不但缩短了冶炼时间，同时提高了钢的质量。高炉炼铁时，提高鼓风中的氧浓度可以降焦比，提高产量。在有色金属冶炼中，采用富氧也可以缩短冶炼时间提高产量。

2. 化学工业

在生产合成氨时，氧气主要用于原料气的氧化，如重油的高温裂化及煤粉的气化等，以强化工艺过程，提高化肥产量。

3. 国防工业

液氧是现代火箭最好的助燃剂，在超音速飞机中也需要液氧作氧化剂，可燃物质浸渍液氧后具有强烈的爆炸性，可制作液氧炸药。

4. 医疗保健方面

氧供给呼吸：用于缺氧、低氧或无氧环境，如潜水作业、登山运动、高空飞行、宇宙航行、医疗抢救等。

此外氧气在金属切割及焊接等方面也有着广泛的用途。

六、氧气的副作用

早在 19 世纪中叶，英国科学家保尔·伯特就发现，如果让动物呼吸纯氧会引起中毒，人类也同样。人如果在大于 0.05 兆帕（半个大气压）的纯氧环境中，对所有的细胞都有毒害作用，吸入时间过长，就可能发生"氧中毒"。肺部毛细管屏障被破坏，导致肺水肿、肺淤血和出血，严重影响呼吸功能，进而使各脏器缺氧而发生损害。在 0.1 兆帕（1 个大气压）的纯氧环境中，人只能存活 24 小时，就会发生肺炎，最

终导致呼吸衰竭、窒息而死。人在 0.2 兆帕（2 个大气压）高压纯氧环境中，最多可停留 1.5～2 小时，超过了会引起脑中毒，生命节奏紊乱，精神错乱，记忆丧失。如加入 0.3 兆帕（3 个大气压）甚至更高的氧，人会在数分钟内发生脑细胞变性坏死，抽搐昏迷，导致死亡。

此外，过量吸氧还会促进生命衰老。进入人体的氧与细胞中的氧化酶发生反应，可生成过氧化氢，进而变成脂褐素。这种脂褐素是加速细胞衰老的有害物质，它堆积在心肌，使心肌细胞老化，心功能减退；堆积在血管壁上，造成血管老化和硬化；堆积在肝脏，削弱肝功能；堆积在大脑，引起智力下降，记忆力衰退，人变得痴呆；堆积在皮肤上，形成老年斑。

第二节　氢

一、氢元素的发现

氢是元素周期表上的第一号元素，元素符号是 H。氢是非金属元素。

早在 16 世纪，瑞士的一名医生就发现了氢气。他说："把铁屑投到硫酸里，就会产生气泡，像旋风一样腾空而起。"他还发现这种气体可以燃烧。但是他并没有做进一步的研究。17 世纪又有一位医生发现了氢气，但是当时也没有进行进一步研究。最先把氢气收集起来并进行认真研究的是英国的化学家卡文迪许。

卡文迪许非常喜欢化学实验，有一次实验中，他不小心把一个铁片掉进了盐酸中，他正在为自己的粗心而懊恼时，却发现盐酸溶液中有气泡产生，这个情景一下子吸引了他，刚才的气恼心情全没了。他在努力地思考：这种气泡是从哪儿来的呢？它原本是铁片中的呢，还是存在于盐酸中呢？他又做了几次实验，把一定量的锌和铁投到充足的盐酸和稀硫酸中（每次用的硫酸和盐酸的质量是不同的），发现所产生的气体量是固定不变的。这说明这种新的气体的产生与所用酸的种类没有关系，与酸的浓度也没有关系。

卡文迪许用排水法收集了新气体，他发现这种气体不能帮助蜡烛的燃烧，也不能帮助动物的呼吸，如果把它和空气混合在一起，一遇火星就会爆炸。卡文迪许是一位十分认真的化学家，他经过多次实验终于发现了这种新气体与普遍空气混合后发生爆炸的极限。他在论文中写道：如果这种可燃性气体的含量在 9.5% 以下或 65% 以上，点火时虽然会燃烧，但不会发出震耳的爆炸声。

随后不久他测出了这种气体的比重，接着又发现这种气体燃烧后的产物是水，无疑这种气体就是氢气了。卡文迪许的研究已经比较细致，他只须对外界宣布他发现了一种新元素并给它起一个名称就行了，真理的大门就要向他敞开了，幸运之神就要向他微笑了。

但卡文迪许受了虚假的"燃素说"的欺骗，坚持认为水是一种元素，不承认自己无意中发现了一种新元素，真是非常可惜。

后来拉瓦锡听到了这件事，他重复了卡文迪许的实验，认为水不是一种元素而是氢和氧的化合物。在 1787 年，他正式提出"氢"是一种元素，因为氢燃烧后的产物是水，便用拉丁文把它命名为"水的生成者"。

二、氢的性质

1. 物理性质

氢气是宇宙中含量最高的物质，也是已知的最轻的气体。氢无色无味，几乎不溶于水，氢比空气轻 14.38 倍，具有很大的扩散速度和很高的导热性。将氢冷却到绝对温度 20℃ 时，气态氢可被液化。液态氢可以把除氦以外的其他气体冷却都转变为固体。同温同压下，氢气的密度最小，常用来填充气球。

在地球上和地球大气中只存在极稀少的游离状态氢，但化合态氢的丰度却很大，例如氢存在于水、碳水化合物和有机化合物以及氨和酸中。含有氢的化合物比其他任何元素的化合物都多。在地壳里，如果按

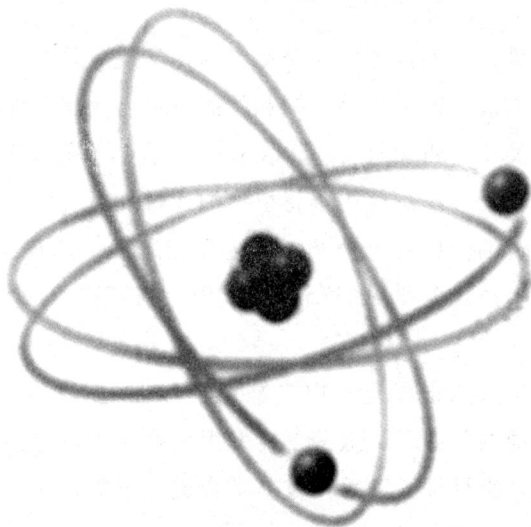

氢原子结构（氢是由一个电子组成，没有中子）

重量计算，氢只占总重量的 1%；如果按原子百分数计算，则占 17%，仅次于氧而居第二位。据研究，在太阳的大气中，按原子百分数计算，氢占 81.75%。在宇宙空间中，氢原子的数目比其他所有元素原子的总和约大 100 倍。

2. 化学性质

（1）常温下分子氢不活泼。但氢在常温下能与单质氟在暗处迅速反应生成氟化氢（HF），而与其他卤素或氧不发生反应。

（2）高温下，氢气是一个非常好的还原剂。例如：

①氢气能在空气中燃烧生成水，氢气燃烧时火焰可以达到 3000℃左右，工业上常利用此反应切割和焊接金属。

②高温下，氢气还能同卤素、氮气等非金属反应，生成共价型氢化物。

③高温下氢气与活泼金属反应，生成金属氢化物。

④高温下，氢气还能还原许多金属氧化物或金属卤化物为金属。能被还原的金属是那些在电化学顺序中位置低于铁的金属。这类反应多用

来制备纯金属。

（3）在有机化学中，氢的一个重要的化学反应是它能够加在联结两个碳原子的双键或三键上，使不饱和的碳氢化合物加氢而成为饱和的碳氢化合物，这类反应叫加氢反应。在有机化学中，在分子中加入氢即是还原反应。这类反应广泛应用于将植物油通过加氢反应，由液体变为固体，生产人造黄油。也用于把硝基苯还原成苯胺（印染工业），把苯还原成环己烷（生产尼龙-66 的原料）。氢同一氧化碳（CO）反应生成甲醇等等。

（4）氢分子虽然很稳定，但在高温下，在电弧中，或进行低压放电，或在紫外线的照射下，氢分子能发生离解作用，得到原子氢。所得原子氢仅能存在半秒钟，随后便重新结合成分子氢，并放出大量的热。

原子氢有以下特点：

① 把原子氢气流通向金属表面，原子氢结合成分子氢的反应热可以产生高达 4000℃ 的高温，这就是常说的原子氢焰。可以利用此反应来焊接高熔点金属。

② 原子氢是一种比分子氢更强的还原剂。它可以同锗、锡、砷、硫、锑等直接作用生成相应的氢化物。

三、氢的同位素

氢有三种同位素：气，符号 H；氘，符号 D；氚，符号 T。在它们的核中分别含有 0、1 和 2 个中子，它们的质量数分别为 1、2、3。自然界中普通氢内同位素气的丰度最大，原子百分比占 99.98%，氘占 0.016%，而氚的含量更为稀少。

氢的同位素氘和氚被人们称为"重氢"和"超重氢"，它们与氧结合生成的水分别叫重水和超重水。

水在地球上的总重大约是 140 亿亿吨，其中重水还不到万分之二。而生产 1 千克重水就要消耗 6 万度电和 100 吨水，这比淘金的代价大得多，因而重水的价格要比金子贵几十倍。大自然中的重水非常少，而超

重水就更加少了，只能靠人工方法制得。一般是把金属锂放在原子反应堆中，在中子的轰击下，使锂转变为氚，然后与氧化合生成超重水。制造 1 千克超重水要消耗近 10 吨的原子能量，而且生产很慢，一个工厂一年也不过制造几十千克超重水，所以超重水的价格比重水还要贵上万倍，比金子要贵几十万倍。

重水和水有什么区别呢？一般的生物都不能在重水中生存。1 立方米重水比 1 立方米普通的水要重 105.6 千克。普通的水在零度时结冰，在 100℃时沸腾；而重水在 3.8℃时就变成了冰，人们把它叫做"热冰"。

既然重水和超重水的获取是如此之难，为何人们还要制造它们呢？原来，它们对人类的好处很多。如科学家利用重水的放射性来研究某些生物或化学过程的进展情况。重水也是原子能工业中的重要角色，它是原子反应堆最好的减速剂和载热剂。重水还是重要的国防原料，氢弹就是用它来制造的，重氢在极高温度下会产生原子核的聚合反应，发生强烈的爆炸，它的能量相当于几千万吨烈性炸药。一个普通的氢弹就能轻而易举地炸毁一座城市。如果把它爆炸时放出能量全部转换成电能，人类数十年也用不完。

四、氢的制备

（1）电解法，可以大量产生纯度高的氢气；（2）天然气、石油气或焦炭与水反应的方法，是廉价生产氢气的一种途径；（3）离子型金属化合物与水反应的方法，用于军事、气象方面供探空气球使用；（4）以过渡金属络合物为催化剂，利用太阳能分解水制取氢气的方法，是充分利用太阳发展氢能源的一个新方向。此外，在实验室里，常用活泼金属跟酸的反应，少量制取氢气。

五、氢的用途

氢气的用途十分广泛。氢气或氢、氦混合气可以用来填充气球。氢还是重要的工业原料，人们利用它来生产合成氨和甲醇。氢也用于石油提炼工序中，如加氢裂化和氢处理脱硫；还用于植物油的催化加氢；加氢也用于制造有机化学药品。用氢气做还原剂，在高温下用氢将金属氧化物还原以制取金属较之其他方法，产品的性质更易控制，同时金属的纯度也高，广泛用于钨、钼、钴、铁等金属粉末和锗、硅的生产。氢和氧或氟在一起，既能用做火箭燃料，也能用做核动力火箭推进剂。氢气与氧气化合时，放出大量的热，被利用来切割金属。

利用氢的同位素氘和氚的原子核聚变时产生的能量能生产杀伤性和破坏性极强的氢弹，其威力比原子弹大得多。

现在氢气被作为一种可替代性的未来的清洁能源，用于汽车等的燃料。但是 2003 年科学家发现，使用氢燃料会使大气层中的氢增加约 4 至 8 倍，认为可能会让同温层的上端更冷、云层更多，还会加剧臭氧洞的扩大。但是一些做法可以抵消这种影响，如使用氯氟甲烷的减少、土壤的吸收以及燃料电池的新技术的开发等。

不用汽油的汽车：由于汽车使用的汽油燃烧后会产生对环境造成污染的二氧化碳，所以科学家就设想用另一种燃料来代替汽油。经过多次实验，他们终于发现氢气可以代替汽油。用氢气作燃料有许多优点，首先是干净卫生，氢气燃烧后的产物是水，不会污染环境，其次是氢气在燃烧时比汽油的发热量高。

在 1965 年，外国的科学家们就已设计出了能在马路上行驶的氢能汽车。我国也在 1980 年成功地造出了第一辆氢能汽车，可乘坐 12 人，贮存氢材料 90 公斤。氢能汽车行车路远，使用的寿命长，最大的优点是不污染环境。

第三节　氮

一、氮元素的发现

氮元素是非金属元素，用符号"N"表示。

早在 1771~1772 年间，瑞典化学家舍勒（1742~1786）就根据自己的实验，认识到空气是由两种彼此不同的成分组成的，即支持燃烧的"火空气"和不支持燃烧的"无效的空气"。1772 年英国科学家卡文迪许（1731~1810）也曾分离出氮气，他把它称为"窒息的空气"。在同一年，英国科学家普利斯特里（1733~1804）通过实验也得到了一种既不支持燃烧，也不能维持生命的气体，他称它为"被燃素饱和了的空气"，意思是说，因为它吸足了燃素，所以失去了支持燃烧的能力。

但是，这些人都没有及时公布他们发现氮的结论。因此，许多文献都认为氮首先是由欧洲苏格兰化学家丹尼尔·卢瑟福（1749~1819）发现的。1772 年 9 月，卢瑟福发表了一篇极有影响的论文，叫《固定空气和浊气导论》，该文原稿现保存在英国博物馆。在论文中他描述了氮气的性质，这种气体不能维持动物的生命，既不能被石灰水吸收，又不能被碱吸收，有灭火的性质，他称这种气体为"浊气"或"毒气"。这里所讲的"固定空气"即今天的二氧化碳。

但是由于受当时燃素说的影响，卢瑟福并没有认识到"浊气"是空气的一个组成成分。浊气、被燃素饱和了的空气、窒息的空气、无效的空气等名称都没有被接受作为氮的最终名称。氮这个名称是 1787 年由拉瓦锡和其他法国科学家提出的，他们提出了新的化学命名原则，最后由希腊文定为"氮气"，化学符号为 N。我国清末化学启蒙者徐寿在第一次把氮译成中文时曾写成"淡气"，意思是说它"冲淡"了空气中的氧气。

二、氮气的性质

1. 物理性质

单质氮在常况下是一种无色无味的气体，冷却至零下 195.8℃时，变成没有颜色的液体，冷却至零下 209.86℃时，液态氮变成雪状的固体。

氮气难溶于水，在常温常压下，1 体积水中大约只溶解 0.02 体积的氮气。

2. 化学性质

通常条件下，氮对于大多数反应物都是相对性情的。室温下元素氮能够被固定在生物系统中。这种过程的机理现在还未知。另外，新近已显示，某些过渡金属化合物能与大气的氮迅速反应。

氮原子结构示意图

高温或放电条件下分子中化学键破坏而能与多种元素反应。如：

与氢气生成 NH_3（$3H_2 + N_2 \longrightarrow 2NH_3$）；

与镁、钙、锶、钡生成氮化物 Mg_3N_2、Ca_3N_2、Sr_3N_2、Ba_3N_2 等；

与 O_2 在电弧高温下少量反应生成一氧化氮（$O_2 + N_2 \longrightarrow 2NO$）。对碱金属只易与锂化合成氮化锂（$Li_3N$），却不与其他碱金属直接反应。

$$3H_2 + N_2 \longrightarrow 2NH_3$$

$$O_2 + N_2 \longrightarrow 2NO$$

当气态氮在低压下通过一个辉光放电管时，氮就会变得非常活泼，这种形态的氮称为活性氮。活性氮很容易与许多金属（汞、砷、锌和钠）和非金属（磷和硫）反应生成氮化物。

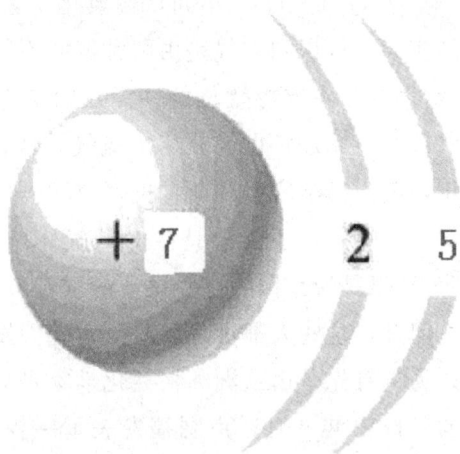

三、氮气的制备

单质氮一般是由液态空气的分馏而制得的。实验室中制备少量氮气的基本原理是用适当的氧化剂将氨或铵盐氧化，最常用的是如下几种方法：

（1）加热亚硝酸铵的溶液：

$$NH_4NO_2 \xlongequal{\quad} N_2 \uparrow + 2H_2O$$

（2）亚硝酸钠与氯化铵的饱和溶液相互作用：

$NH_4Cl+NaNO_2\mathop{=\!=\!=}NaCl+2H_2O+N_2\uparrow$

（3）将氨通过红热的氧化铜：

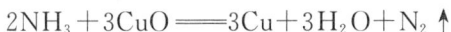

$2NH_3+3CuO\mathop{=\!=\!=}3Cu+3H_2O+N_2\uparrow$

（4）氨与溴水反应：

$8NH_3+3Br_2\mathop{=\!=\!=}6NH_4Br+N_2\uparrow$

（5）重铬酸铵加热分解：

$(NH_4)_2Cr_2O_7\mathop{=\!=\!=}N_2\uparrow+Cr_2O_3+4H_2O$

四、氮气的用途

氮自从被发现以来，已经广泛地应用在工业、食品、医疗等领域。如将氮气充灌在电灯泡里，可防止钨丝的氧化和减慢钨丝的挥发速度，延长灯泡的使用寿命。还可用它来代替惰性气体作焊接金属时的保护气。在博物馆里，常将一些贵重而稀有的画页、书卷保存在充满氮气的圆筒里，这样就能使蛀虫在氮气中被闷死。利用氮气能使粮食处于休眠和缺氧状态、代谢缓慢，可取得良好的防虫、防霉和防变质效果，而且，粮食不受污染，管理比较简单，费用也不高。近年来，我国不少地区也应用氮气来保存粮食，叫做"真空充氮贮粮"，也用来保存一些水果。

在医学方面，可以利用液氮给手术刀降温，成为"冷刀"。医生用"冷刀"做手术，可以减少出血或不出血，手术后病人能更快康复。使用液氮为病人治疗皮肤病，效果也很好。这是因为液氮的汽化温度是零下195.8℃，因此，用来治疗表浅的皮肤病常常很容易使病变处的皮肤坏死、脱落。过去皮肤科常以"干冰"治疗血管瘤，用意虽然相同，但冷度远不及液氮。

现在许多汽车轮胎都用氮气充胎。使用氮气充胎的好处有很多，可以提高轮胎行驶的稳定性和舒适性；防止爆胎和缺气辗行；延长轮胎使用寿命；减少油耗，保护环境。

氮的主要用途是合成氨，反应式为 $N_2+3H_2\mathop{=\!=\!=}2NH_3$（条件为高压、高温和催化剂。反应为可逆反应）。氮还是合成纤维（锦纶、腈纶），合成树脂、合成橡胶等的重要原料。由于氮的化学惰性，也常用做保护气体。

第四节　碳

一、碳元素的发现

碳是一种非金属元素，化学元素符号是 C，位于元素周期表的第二周期 IV_A 族。拉丁语为 Carbonium，意为"煤，木炭"。汉字"碳"字由木炭的"炭"字加石字旁构成，从"炭"字音。

碳是一种很常见的元素，它以多种形式广泛存在于大气和地壳之中。碳单质很早就被人认识和利用。碳是生铁、熟铁和钢的成分之一。碳能在化学上自我结合而形成大量化合物，在生物上和商业上是重要的物质，生物体内大多数分子都含有碳元素。

碳化合物一般从化石燃料中获得，然后再分离并进一步合成出各种生产生活所需的产品，如乙烯、塑料等。

碳可以说是我们的祖先最早接触到的元素之一，也是人类利用最早的元素之一。

因为碳是古代就已经知道的元素，所以发现碳的精确日期是不可能查清楚的，但从拉瓦锡 789 年编制的《元素表》中可以看出，碳是作为元素出现的。碳在古代的燃素理论的发展过程中起了重要的作用，根据这种理论，碳不是一种元素而是一种纯粹的燃素，由于研究煤和其他化学物质的燃烧，拉瓦锡首先指出碳是一种元素。

碳的同素异形体金刚石和石墨最早被人们所知，拉瓦锡做了燃烧金刚石和石墨的实验后，确定这两种物质燃烧都产生了二氧化碳，因而得出结论，即金刚石和石墨中含有相同的"基础"，称为碳。正是拉瓦锡首先把碳列入元素周期表中。

二、碳的性质

1. 物理性质

单质碳具有吸附能力。活性炭是一种非极性吸附剂，主要成分除碳以外，还含有少量的氧、氢、硫等元素，以及水分、灰分，具有良好的吸附性能和稳定的化学性质，可耐强酸、强碱，能经受水侵、高温、高压而作用不被破坏。活性炭具有巨大的比表面积和特别发达的微孔，它以物理吸附为主，但由于表面氧化物的存在，也进行一些化学选择性吸附。

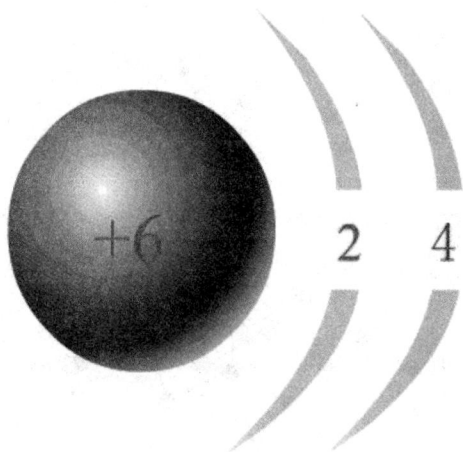

碳原子的结构示意图

2. 化学性质

碳的单质都由碳元素组成，因而都表现出相同的碳元素的化学性质。在常温下非常稳定，受日光照射或与水分接触，都不起变化，也不与一般化学试剂发生反应。但高温时，它的化学活泼性大大增强，表现为它的可燃性和还原性。

（1）可燃性：

在氧气中或空气中完全燃烧，生成二氧化碳并放出大量的热；空气不足，燃烧不完全时，除生成二氧化碳外，还会产生一氧化碳，并放热。

（2）还原性：

干燥木炭粉和氧化铜均匀混合，加强热可还原出铜；

炽热的碳可使二氧化碳还原成一氧化碳；

炽热的碳可使水蒸气还原。

三、碳的同素异形体

碳在自然界中存在有三种同素异形体——金刚石、石墨、C_{60}。

1. 金刚石

金刚石是自然界最硬的矿石。在所有物质中，其硬度最大。测定物质硬度的刻画法规定，以金刚石的硬度为 10 来度量其他物质的硬度。例如铁为 4.5、铅为 1.5、钠为 0.4 等。在所有单质中，它的熔点最高，达 3550℃。

金刚石晶体属立方晶系，是典型的原子晶体，每个碳原子与另外四个碳原子形成共价键，构成正四面体。这是金刚石的面心立方晶胞的结构。

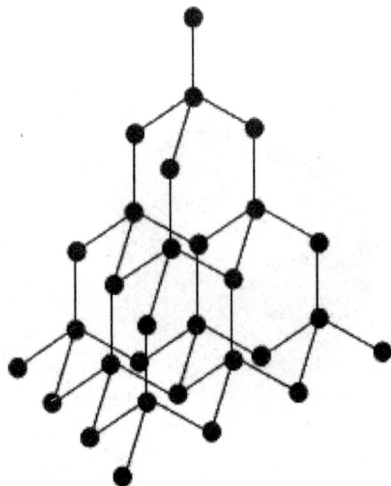

金刚石分子结构

由于金刚石晶体中 C—C 键很强，所有价电子都参与了共价键的形成，晶体中没有自由电子，所以金刚石不仅硬度大、熔点高，而且不导电。

室温下，金刚石对所有的化学试剂都显惰性，但在空气中加热能燃烧成二氧化碳。

金刚石俗称钻石，除用做装饰品外，主要用于制造钻探用的钻头和磨削工具，是重要的现代工业原料，价格十分昂贵。

2. 石墨

石墨与金刚石正好相反，它是世界上最软的矿石。石墨的密度比金刚石小，熔点比金刚石仅低 50℃，为 3000℃。

在石墨晶体中，碳原子和邻近的三个碳原子形成共价单键，构成六角平面的网状结构，这些网状结构又连成片层结构。因此石墨容易沿着

与层平行的方向滑动、裂开，所以石墨质软具有润滑性。

在石墨层中有自由的电子存在，所以石墨的化学性质比金刚石稍显活泼。

由于石墨能导电，具有化学惰性，耐高温，易于成型和机械加工，所以石墨被大量用来制作电极、高温热电偶、坩埚、电刷、润滑剂和铅笔芯等。

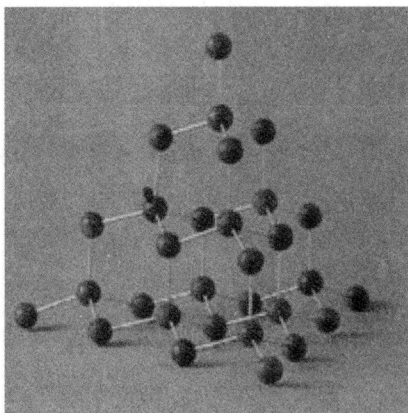

石墨的原子结构

自然界中是没有纯净的石墨的，石墨中往往含有二氧化硅、三氧化二铝、氧化铁、氧化钙、五氧化二磷、氧化铜等杂质。这些杂质常以石英、黄铁矿、碳酸盐等矿物形式出现。此外，还有水、沥青和二氧化碳、氢气、氮气、甲烷等气体部分。因此对石墨的分析，除测定固定碳含量外，还必须同时测定挥发分和灰分的含量。

3. 碳六十

20 世纪 80 年代，科学家发现了碳的另一种同素异形体——C_{60}。C_{60}分子是一种由 60 个碳原子构成的分子，它形似足球，因此又名足球烯。C_{60}是单纯由碳原子结合形成的稳定分子，它具有 60 个顶点和 32 个面，其中 12 个为正五边形，20 个为正六边形。其相对分子质量为 720。

1985 年，英国科学家克罗托（H. W. Kroto）等用质谱仪，严格控制实验条件，得到以 C_{60} 为主的质谱图。由于受建筑学家布克米尼斯特·富勒（Buckminster Fuller）设计的球形薄壳建筑结构的启发，克罗托等提出 C_{60} 是由 60 个碳原子构成的球形 32 面体，即由 12 个五边形和 20 个六边形构成。其中五边形彼此不相连，只与六边形相连。除 C_{60} 外，具有封闭笼状结构的还可能有 C_{28}、C_{32}、C_{50}、C_{70}、C_{84}……C_{240}、

C_{540}等，统称为 Fullerene，翻译过来就是富勒烯。

从 C_{60} 被发现以来的数十年，富勒烯已经广泛地影响到物理学、化学、材料学、电子学、生物学、医药学等各个领域，极大地丰富和提高了科学理论，同时也显示出有巨大的潜在应用前景。如利用 C_{60} 独特的分子结构，可以将 C_{60} 用做比金属及其合金更为有效和新型的吸氢材料。每一个 C_{60} 分子中存在着 30 个碳碳双键，因此，把 C_{60} 分子中的双键打开便能吸收氢气。现在已知的 C_{60} 的稳定的氢化物有 $C_{60}H_{24}$、$C_{60}H_{36}$ 和 $C_{60}H_{48}$。

在控制温度和压力的条件下，可以简单地用 C_{60} 和氢气制成 C_{60} 的氢化物，它在常温下非常稳定，而在 $80\sim215℃$ 时，C_{60} 的氢化物便释放出氢气，留下纯的 C_{60}，它可以被 100% 地回收，并被用来重新制备 C_{60} 的氢化物。与金属或其合金的贮氢材料相比，用 C_{60} 贮存氢气具有价格较低的优点，而且 C_{60} 比金属及其合金要轻，因此，相同质量的材料，C_{60} 所贮存

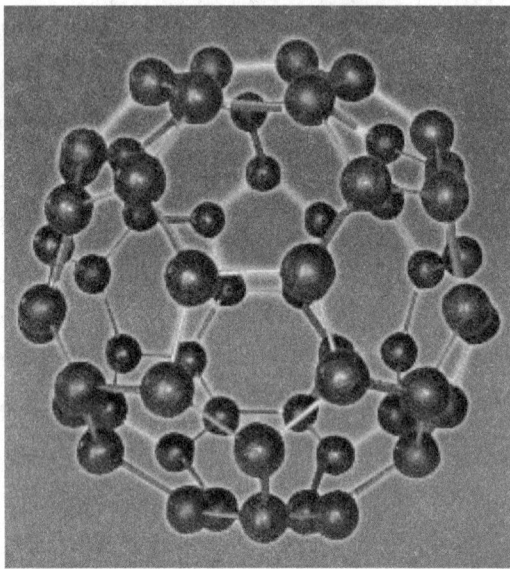

C_{60} 的结构

的氢气比金属或其合金要多。

四、碳的用途

碳在地壳中的质量比例为 0.027%，在自然界中分布很广。以化合物形式存在的碳有煤、石油、天然气、动植物体、石灰石、白云石、二氧化碳等。

截至 1998 年底，在全球最大的化学文摘——《美国化学文摘》上登记的化合物总数近 1900 万种，其中绝大多数是碳的化合物。

在工业上和医药上，碳和它的化合物用途十分广泛。测量古物中碳14 的含量，可以得知其年代，这叫做碳 14 断代法。

石墨可以直接用作炭笔，也可以与黏土按一定比例混合做成不同硬度的铅芯。金刚石除了装饰之外，还可使切削用具更锋利。无定形碳由于具有极大的表面积，被用来吸收毒气、废气。富勒烯和碳纳米管则对纳米技术极为有用。由于石墨的分子间只有微弱的范德华引力，所以它们容易滑动，适合用来作润滑剂，而石墨处于高温时不容易挥发，所以适合在掘隧道时使用。碳是钢的成分之一。

碳化合物一般从化石燃料中获得，然后再分离并进一步合成出各种生产生活所需的产品，如乙烯、塑料等。

第五节　硫

一、硫元素的发现

硫的元素符号是 S。硫在自然界中有单质状态，当火山爆发时会将地下大量的硫带到地面。硫还和多种金属形成硫化物和各种硫酸盐，广泛存在于自然界中。

单质硫具有鲜明的橙黄色，燃烧时形成强烈有刺激性的气味。从金属硫化物在燃烧时产生的气味可以断言，硫在远古时代就被人们发现并使用了。

在欧洲，古代人们认为硫燃烧时所形成的浓烟和强烈的气味能驱除魔鬼。在古罗马博物学家普林尼的著作中写到：硫用来清扫住屋，因为很多人认为，硫燃烧所形成的气味能够消除一切妖魔和所有邪恶的势力。大约 4000 年前，埃及人已经用硫燃烧所形成的二氧化硫漂白布匹。在古罗马著名诗人荷马的著作里也讲到硫燃烧有消毒和漂白作用。

在中西方炼金术中也十分地重视硫，炼金术士把硫看做是可燃性的化身，认为它是组成一切物体的要素之一。我国炼丹家们用硫、硝石的混合物制成黑色火药。

硫在古代就被运用到医学中，我国著名医生李时珍编著的《本草纲目》中，讲到硫在医药中的运用：治腰肾久冷，除冷风顽痹寒热，生用治疥癣。

1894年出生在德国的美国工业化学家弗拉施创造用过热水的方法，将硫从地下深处直接提取出来。1789年法国化学家拉瓦锡发表近代第一张元素表，把硫列入表中，确定硫的不可分割性。18世纪后半叶，德国化学家米切里希和法国化学家波美等人发现硫具有不同的晶形，提出硫的同素异形体。

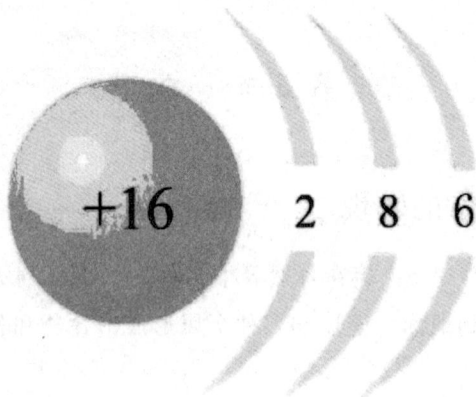

硫的原子结构示意图（硫由16个电子组成）

二、硫的性质

1. 物理性质

硫通常为淡黄色晶体，它的元素名来源于拉丁文，原意是鲜黄色。单质硫有几种同素异形体，菱形硫（斜方硫）和单斜硫是现在已知最重要的晶状硫。它们都是由S8环状分子组成。

硫单质导热性和导电性都差。硫性松脆，不溶于水，易溶于二硫化碳。无定形硫主要有弹性硫，是由熔态硫迅速倾倒在冰水中所得。不稳定，可转变为晶状硫（正交硫），正交硫是室温下唯一稳定的硫的存在形式。

2. 化学性质

硫的化学性质比较活泼，能与氧、金属、氢气、卤素（除碘外）及已知的大多数元素化合。还可以与强氧化性的酸、盐、氧化物，浓的强碱溶液反应。它存在正氧化态，也存在负氧化态，可形成离子化合物、共价化合成物和配位共价化合物。硫单质既有氧化性又有还原性。如硫跟铁共热生成硫化亚铁，跟碳在高温下生成二硫化碳，常温下跟氟化合生成六氟化硫，加热时跟氯化合生成氯化硫（S_2Cl_2）。

硫能形成氧化态为-2、$+6$、$+4$、$+2$、$+1$的化合物，-2价的硫具有较强的还原性，$+6$价的硫只有氧化性，$+4$价的硫既具有氧化性也有还原性。硫是一种很活泼的元素，表现在：

（1）除金、铂外，硫几乎能与所有的金属直接加热化合，生成金属硫化物。例如：

$$Fe + S \xrightarrow{\Delta} FeS$$

$$Zn + S \xrightarrow{\Delta} ZnS$$

$$Cu + S \xrightarrow{\Delta} CuS$$

（2）除稀有气体、碘、分子氮以外，硫与所有的非金属一般都能化合。例如：

$$H_2 + S \Longrightarrow H_2S \qquad C + 2S \Longrightarrow CS_2$$

$$2P + 5S \Longrightarrow P_2S_5 \qquad Cl_2 + 2S \Longrightarrow S_2Cl_2$$

（3）硫能溶解在苛性钠即氢氧化钠$NaOH$溶液中：

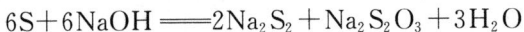

$$6S + 6NaOH \Longrightarrow 2Na_2S_2 + Na_2S_2O_3 + 3H_2O$$

（4）硫能被浓硝酸氧化成硫酸：

$$S + 2HNO_3（浓）\Longrightarrow H_2SO_4 + 2NO$$

三、硫的同位素

硫有 18 种同位素，自然界有四种同位素 S_{32}、S_{33}、S_{34} 和 S_{36}。硫的同位素作示踪剂在化学、地球化学、农业科学和环境科学研究中都有广泛的应用。比如测定地质体中同位素平衡的温度；判断硫及硫化物矿床的成因及其硫源；判别有机矿产的形成机理，寻找石油原岩等。用 S_{34} 研究大气中二氧化硫、二氧化氮污染物对植物生长的危害。它们同时存在于环境中对豆株生长有很大干扰，产生"协同效应"。硫同位素还用来研究土壤微生物的代谢规律。

四、硫的用途

硫的用途十分广泛。常被用来制造火药，在橡胶工业中用做硫化剂。硫还被用来杀真菌，用做化肥。硫化物在造纸业中用来漂白。硫酸盐在烟火中也有用途。硫代硫酸钠和硫代硫酸氨在照相中做定影剂。硫酸镁可用做润滑剂，被加在肥皂中和轻柔磨砂膏中，也可以用做肥料。

硫矿物主要的用途是硫酸和硫黄。制造硫酸是十分消耗硫的，我国有 70% 的以上的硫适用于硫酸生产。硫黄除为生产硫酸的原料之外，还广泛用来生产化工产品，如硫化铜、焦亚硫酸钠等。另外，在食糖生产中，要把硫黄氧化为二氧化硫气体用于漂白脱色。在农药生产中也直接或间接使用硫黄；粘胶纤维生产中需用二硫化碳作溶剂；硫化金属矿浮选用的药剂要以二硫化碳为原料。除以上应用外，消费硫黄的行业还有火柴制造、水泥枕轨处理、医药、火药等。

第六节　磷

一、磷元素的发现

磷在元素周期表中的原子序数为 15，位于第三周期，第十五族

（V_A氮族），元素符号是 P。

关于磷的发现还要从欧洲中世纪流行的炼金术说起。当时，欧洲炼金术十分的盛行。

炼金术家像疯子一样，采用各种奇怪的器皿和物质，在幽暗的小屋里，念动咒语，祈盼着点石成金。1669 年，德国汉堡一位叫布朗特（BrandH）的商人在强热蒸发人尿的过程中，他没有制得黄金，却意外地得到一种像白蜡一样的物质，在黑暗的小屋里闪闪发光。这从未见过的白蜡模样的东西，虽不是布朗特梦寐以求的黄金，可那神奇的蓝绿色的火光却令他兴奋得手舞足蹈。他发现这种绿火不发热，不引燃其他物质，是一种冷光。于是，他就以"冷光"的意思命名这种新发现的物质为"磷"。磷的拉丁文名称 Phosphorum，就是"冷光"之意。它的化学符号是 P，英文名称是 Phosphorus。

二、磷的性质

1. 物理性质

单质磷有若干同素异形体。其中，白磷或黄磷是无色或淡黄色的透明结晶固体。熔点 44.1℃，沸点 280℃，着火点是 40℃。放于暗处有磷光发出。磷单质有恶臭，剧毒。不溶于普通溶剂中。红磷是红棕色粉末，无毒，密度 $2.34g/cm^3$，熔点 59℃，沸点 200℃，着火点 240℃。红磷不溶于水。在自然界中，磷以磷酸盐的形式存在，是生命体的重要元素。存在于细胞、蛋白质、骨骼和牙齿中。在含磷化合物中，磷原子通过氧原子而和别的原子或基团相联结。

2. 化学性质

白磷活性很高，必须储存在水里，人吸入 0.1 克白磷就会中毒死亡。白磷几乎不溶于水，易溶解与二硫化碳溶剂中。白磷在没有空气的条件下，加热到 260℃或在光照下就会转变成红磷。在高压下，白磷可转变为黑磷，它具有层状网络结构，能导电，是磷的同素异形体中最稳定的。

如果氧气不足，在潮湿情况下，白磷氧化很慢，并伴随有磷光现象。白磷的主要反应有：

（1）白磷在空气中自燃生成氧化物：

$$P_4 + 3O_2 == P_4O_6$$

（2）白磷猛烈地与卤素单质反应，在氯气中也能自燃生成三氯化磷和五氯化磷：

$$P_4 + 6Cl_2 == 4PCl_3$$

$$P_4 + 10Cl_2 == 4PCl_5$$

（3）白磷能被硝酸氧化成磷酸：

$$3P + 5HNO_3 + 2H_2O == 3H_3PO_4 + 5NO\uparrow$$

（4）白磷溶解在热的浓碱中，生成磷化氢和次磷酸盐：

$$P_4 + 3OH^- + 3H_2O == PH_3 + 3H_2PO_2^-$$

（5）白磷还可以把金、银、铜和铅从它们的盐中取代出来，例如白磷与热的铜盐反应生成磷化亚铜，在冷溶液中则析出铜：

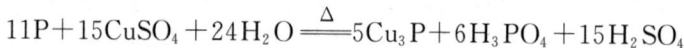

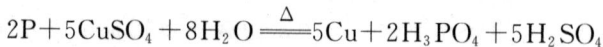

$$11P + 15CuSO_4 + 24H_2O \xrightarrow{\Delta} 5Cu_3P + 6H_3PO_4 + 15H_2SO_4$$

$$2P + 5CuSO_4 + 8H_2O \xrightarrow{\Delta} 5Cu + 2H_3PO_4 + 5H_2SO_4$$

硫酸铜是白磷中毒的解毒剂，如不慎白磷沾到皮肤上，可用硫酸铜溶液冲洗，用磷的还原性来解毒。

（6）白磷可以被氢气还原生成磷化氢：

$$P_4 + 6H_2 == 4PH_3$$

红磷在加热到416℃变成蒸汽之后冷凝就会变成白磷。红磷无毒，加热到240℃以上才着火。

三、磷的同素异形体

磷的同素异形体有很多，除了红磷、白磷外，还有黑磷。

纯白磷是无色透明的晶体，遇光逐渐变为黄色，所以又叫黄磷。黄磷有剧毒，误食0.1克就能致死。将白磷隔绝空气在高温中加热可以转化为红磷。红磷是紫磷的无定形体，是一种暗红色的粉末，不溶于水、

碱和 CS_2 中，没有毒性。红磷是由 9 个磷原子连接成的稠环结构，相当一个六圆环与一个五圆环交叉在一起。

黑磷是磷的一种最稳定的变体，将白磷在高压（1215.9 兆帕）下或在常压用汞（Hg）做催化剂并以小量黑磷做"晶种"，在 220～370℃的温度加热 8 天才可得到黑磷。黑磷具有石墨状的片层结构并能导电，所以黑磷有"金属磷"之称。

四、磷的作用

磷在自然界分布十分广泛，地壳含量丰富列前 10 位。广泛存在于动、植物组织中，也是人体含量较多的元素之一，排名为第六位。约占人体重的 1％，成人体内约含有 600～900 克的磷。体内磷的 85.7％集中于骨和牙，其余散在分布于全身各组织及体液中，其中一半存在于肌肉组织。它不但构成人体成分，且参与生命活动中非常重要的代谢过程，是机体很重要的一种元素。

白磷用于制造磷酸、燃烧弹和烟幕弹。红磷用于制造农药和安全火柴。

第七节　氯

一、氯元素的发现

氯是人体必须的元素之一，自然界常以氯化物形式存在，最普通形式是食盐。氯的化学元素符号是 Cl。

1774 年，瑞典化学家舍勒最先发现了氯。当时，他用盐酸和软锰矿进行实验，结果释放出一种刺激性、有窒息效果的气味。舍勒对这种气体的性质进行了研究，发现它能腐蚀各种金属，溶解性不强，能够对彩色的花叶及绿叶起到漂白的作用。但是他当时并不认为这种气体是一种新元素，而称之为"脱烯素的盐酸"。直到 1810 年，英国著名化学家戴维以充足的证据证明了这种气体是一种新元素。由于它呈绿颜色，故而命名之为氯，原意即为"绿色的"。我国翻译家最初根据原意把它译成"绿气"，后来才将二字合为一字"氯"。

二、氯气的性质

1. 物理性质

氯气是黄绿色的气体，有毒，并伴有刺激性气味，密度比空气大，氯气熔沸点较低，能溶于水易溶于有机溶剂，在压强为 101 千帕、温度为 −34.6℃时易液化。如果将温度继续冷却到 −101℃时，液氯变成固态氯。通常情况下，1 体积水在常温下可溶解 2 体积氯气。需要注意是，氯气有毒，闻氯气时需用手轻轻在瓶口扇动，使极少量的气体飘进鼻孔。氯多储存在钢筒中，这是因为干燥的氯恰恰不与铁发生反应。在常温和 6 个大气压下，人们可以将氯液化为一种黄绿色的液体，叫做"液氯"。

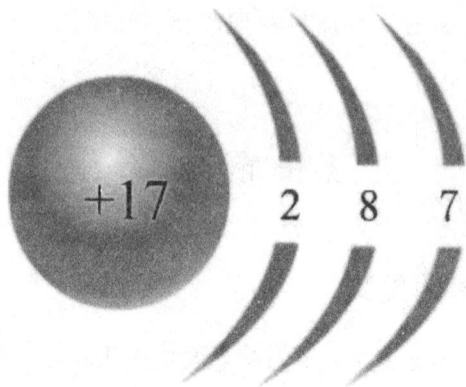

氯的原子结构（氯是由 17 个电子组成）

2. 化学性质

氯是一种化学性质非常活泼的元素。它几乎能跟一切普通金属以及许多非金属直接化合。氯气是强氧化剂。除与氧气、氮气、碳和稀有气体外，氯气几乎可以和任何元素直接发生反应，常将变价元素氧化为高或较高价态，如与铜、铁等反应。能与许多还原性化合物反应将其中低价态元素氧化，如与 $NaBr$、NaI、Na_2S 反应置换出 Br_2、I_2、S；与 NH_3 反应氧化出 N_2。与水或碱发生反应（$Cl_2 + H_2O \rightleftharpoons HCl + HClO$），$HClO$ 的强氧化性使氯水和湿氯气有漂白性。与冷的碱溶液反应以生成氯化物和次氯酸盐为主，在热的碱溶液中则有氯酸盐生成。氯气与有机物的反应主要是取代反应（如对烷、环烷、苯等）、加成反应（如对烯、炔、橡胶和紫外光条件下对苯等）。氯水的有关反应则为：与碱反应同氯气；与 $AgNO_3$ 溶液也属于其中氯气的反应，生成白色的 $AgCl$ 沉淀。若要从氯水获得较浓的 $HClO$ 溶液，则可加入 Ca_2CO_3 粉，因 H_2CO_3 比盐酸弱又比 $HClO$ 强，而 $CaCO_3$ 只与盐酸反应，使氯水中的化学平衡向生成 $HClO$ 的方向移动。氯水的漂白性、见光分解出 O_2 以及使醛溶液等氧化皆与其中的 $HClO$ 有关。

通常用氯气 Cl_2 与氢氧化钙 $Ca(OH)_2$ 制造漂白粉，反映方程式为 $2Cl_2 + 2Ca(OH)_2 \longrightarrow Ca(ClO)_2{}^+ + CaCl_2 + 2H_2O$。

三、氯气的制备

实验室的氯气制备方法：

（1）用浓盐酸跟二氧化锰混合加热制取氯气：

$$4HCl + MnO_2 === MnCl_2 + 2H_2O + Cl_2\uparrow$$

（2）高锰酸钾跟浓盐酸反应：

$$2KMnO_4 + 16HCl === 2KCl + 2MnCl_2 + 8H_2O + 5Cl_2\uparrow$$

（3）氯酸钾与浓盐酸反应：

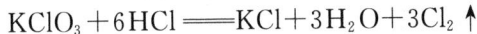

$$KClO_3 + 6HCl === KCl + 3H_2O + 3Cl_2\uparrow$$

但考虑到纯度和经济、安全性、制取的效率，实验室一般用二氧化锰与盐酸反应制备。

四、氯的用途

氯气在常温常压下一般是黄绿色气体，经过压缩后可液化成为金黄色液态氯，是氯碱工业的主要产品，用作为强氧化剂与氯化剂。氯中含5％（体积）以上氢气时有爆炸危险。氯能与有机物和无机物进行取代或加成反应生成多种氯化物。氯在早期是造纸、纺织工业的漂白剂。在第一次世界大战期间，氯作为化学武器大量生产。战后氯产品在人们的生活中被广泛的应用。如将苯氯化再水解制苯酚，广泛用来消毒和杀菌。第二次世界大战后，由于聚氯乙烯以及氯化烷烃等有机氯溶剂的生产，氯主要用作生产有机化合物的原料，而作为无机氯化物如盐酸、漂白粉等原料的比例逐渐减少。20 世纪 80 年代，有机化合物的用氯量已占耗氯总量的 60％～70％。

第八节　铁

一、铁元素的发现

铁是一种化学元素，也是最常用的金属。它是过渡金属的一种。铁的元素符号 Fe 的原子序数为 26，所属周期第 4 期，第Ⅷ族。

铁在自然界的分布十分广泛，但人类利用和发现铁的时间却比黄金和铜晚得多。首先是由于天然的单质状态的铁在地球上非常稀少，而且它容易氧化生锈，加上它的熔点（1535℃）又比铜（1883℃）高得多，就使得它比铜难于熔炼。而人类最早发现的铁是从天空落下来的陨石，陨石中含铁的百分比很高，是铁和镍、钴等金属的混合物，在融化铁矿石的方法尚未问世，人类不可能大量获得生铁的时候，铁一直被视为一种带有神秘性的最珍贵的金属。

西亚赫梯人是最早发现和掌握炼铁技术的。我国从东周时就有炼铁，至春秋战国时代普及，也是较早掌握冶铁技术的国家之一。1973年在我国河北省出土了一件商代铁刃青铜钺，经科学鉴定，证明铁刃是用陨铁锻成的。随着青铜熔炼技术的成熟，逐渐为铁的冶炼技术的发展创造了条件。我国最早人工冶炼的铁是在春秋战国之交的时期出现的。

这从江苏六合县春秋墓出土的铁条、铁丸，和河南洛阳战国早期灰坑出土的铁锛均能确定是迄今为止的我国最早的生铁工具。生铁冶炼技术的出现，它对封建社会的作用与蒸汽机对资本主义社会的作用可以媲美。

铁的发现和大规模使用，是人类发展史上的一个光辉里程碑，它把人类从石器时代、铜器时代带到了铁器时代，推动了人类文明的发展。至今铁仍然是现代化学工业的基础，是人类进步所必不可少的金属材料。

二、铁的性质

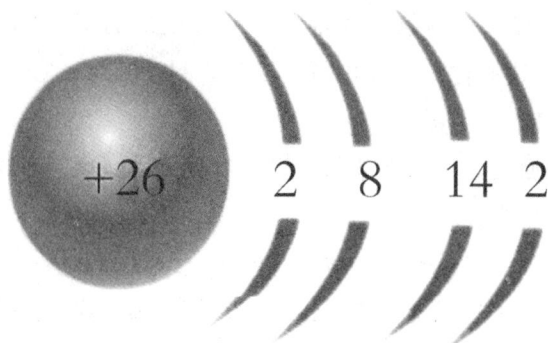

铁的原子结构示意图（铁由 26 个电子组成）

1. 物理性质

铁是具有光泽的银白色金属，硬且有延展性，熔点为 1535℃沸点 3000℃，有很强的铁磁性，并有良好的可塑性和导热性。铁分为生铁、熟铁和钢三类。生铁含碳量在 1.7%～4.5%之间，生铁坚硬耐磨，可以浇铸成型，如铁锅、火炉等。所以又称为铸铁。生铁没有延展性，不能锻打。熟铁含碳量在 0.1%以下，近似于纯铁，韧性很强，可以锻打成型，如铁勺、锅炉等，所以又叫锻铁。钢的基本成分也是铁，但钢的含碳量比熟铁高，比生铁低，在 0.1%～1.7%之间。钢兼具有生铁和熟铁的优点，既刚硬又强韧。

2. 化学性质

铁的化学性质比较活泼，在金属活动顺序中排在氢的前面。常温下，铁在干燥的空气里不易与氧、硫、氯等非金属单质起反应，在高温时，则剧烈反应。铁在氧气中燃烧，生成 Fe_3O_4，炽热的铁和水蒸气起反应也生成 Fe_3O_4。铁易溶于稀的无机酸和浓盐酸中，生成二价铁盐，并放出氢气。在常温下遇浓硫酸或浓硝酸时，表面生成一层氧化物保护膜，使铁"钝化"，故可用铁制品盛装浓硫酸或浓硝酸。铁是一变价元素，常见价态为＋2 和＋3。铁与硫、硫酸铜溶液、盐酸、稀硫酸等反应时失去两个电子，成为＋2 价。与 Cl_2、Br_2、硝酸及热浓硫酸反应，则被氧化成 Fe^{3+}。铁与氧气或水蒸气反应生成的 Fe_3O_4，可以看成是 $FeO \cdot Fe_2O_3$，其中有 1/3 的 Fe 为＋2 价，另 2/3 为＋3 价。铁的＋3 价化合物较为稳定。

铁是强还原剂，在室温条件下可缓慢地从水中置换出氢，在 500℃以上反应速率增高：

$$3Fe+4H_2O \longrightarrow Fe_3O_4+4H_2 \uparrow$$

铁可从溶液中还原金、铂、银、汞、铋、锡、镍或铜等离子，如：

$$CuSO_4+Fe \rightarrow FeSO_4+Cu$$

铁溶于非氧化性的酸如盐酸和稀硫酸中，形成二价铁离子并放出氢气；在冷的稀硝酸中则形成二价铁离子和硝酸铵：

$$Fe+H_2SO_4 \rightarrow FeSO_4+H_2 \uparrow$$

$$4Fe+10HNO_3 \rightarrow 4Fe(NO_3)_2+NH_4NO_3+3H_2O$$

铁溶于热的或较浓的硝酸中，生成硝酸铁并释放出氮的氧化物。在浓硝酸或冷的浓硫酸中，铁的表面形成一层氧化薄膜而被钝化。铁与氯在加热时反应剧烈。铁也能与硫、磷、硅、碳直接化合。铁与氮不能直接化合，但与氨作用，形成氮化铁 Fe_2N。

铁的最重要的氧化态是 Fe^{+2} 和 Fe^{+3}。二价铁离子呈淡绿色，在碱性溶液中易被氧化成三价铁离子。三价铁离子的颜色随水解程度的增大而由黄色经橙色变到棕色。纯净的三价铁离子为淡紫色。

三、铁的制备

单质铁的制备一般采用冶炼法。以赤铁矿 Fe_2O_3 和磁铁矿 Fe_3O_4 为原料，与焦炭和助溶剂在熔矿炉内反应，焦炭燃烧产生 CO_2，CO_2 与过量的焦炭接触就生成 CO，CO 和氧化铁作用就生成金属铁。

$$C+O_2 \rightleftharpoons CO_2 \qquad CO_2+C \rightleftharpoons 2CO$$
$$Fe_3O_4+CO \rightleftharpoons 3Fe+CO_2$$
$$Fe_2O_3+CO \rightleftharpoons 2FeO+CO_2$$
$$FeO+CO \rightleftharpoons FeO+CO_2$$

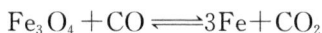

以上反应都是可逆反应，所产生的一氧化碳（CO）浓度越大越好，要使反应进行完全必须在 800℃以上进行。化学纯的铁是用氢气还原纯氧化铁来制取。

四、铁的用途

在工农业生产中，铁是最重要的基本结构材料，铁合金用途广泛；国防和战争更是钢铁的较量，钢铁的年产量代表一个国家的现代化水平。铁的最大用途是用于炼钢；也大量用来制造铸铁和煅铁。铁和其化合物还用作磁铁、染料（墨水、蓝晒图纸、胭脂颜料）和磨料（红铁粉）。还原铁粉大量用于冶金。

铁对于人体来说是不可或缺的元素。在十多种人体必需的微量元素中，铁无论在重要性上还是在数量上，都属于首位。铁还是植物制造叶绿素不可缺少的催化剂。如果一盆花缺少铁，花就会失去艳丽的颜色叶子也发黄枯萎。铁主要以铁氧化物的形式存在，其中既有二价又有三价铁，大多数铁氧化物在土壤颗粒中以不同程度的微结晶形式存在。

第九节 镁

一、镁元素的发现

镁的化学元素符号是 Mg，属于金属元素。镁是地壳中分布最广的元素之一。但由于镁的化学性质十分的活泼，最初人们很难将镁的单质从化合物中分离出来，因此化学家们长期不能肯定它们作为元素存在。只是在电池发明以后，化学家们才得到了分解活泼元素化合物的武器。利用电解的方法分离出它们的单质，它们才作为元素被确定下来。

1808 年 5 月，英国化学家戴维（Humphry Davy，1778～1829）电解汞和氧化镁的混合物，得到镁汞齐，将镁汞齐中的汞蒸馏后，就得到了银白色的金属镁。

镁的命名取自希腊文，原意是"美格尼西亚"，因为当时在希腊的美格尼西亚城附近盛产一种名叫苦土的镁矿（就是氧化镁），古罗马人把这种矿物称为"美格尼西·阿尔巴（magnesia alba)"，"alba"的意思是"白色的"，即"白色的美格尼西亚"。我国则根据这个词的第一音节音译成镁。

二、镁的性质

1. 物理性质

镁是一种银白色的金属，在自然界中从不以单质状态存在。镁在地壳中的含量约 2.1%，在已发现的百余种元素中居第八位。海水中含镁约 0.13%，每立方海里的海水中约含 660 万吨镁。大量以镁的氯化物和硫酸盐形式存在于海水中。1971 年世界镁产量有一半以上是以海水为原料生产的。镁也存在于植物中，是叶绿素的主要成分。镁还存在于人体细胞中，在糖类代谢过程中，镁是酶反应的催化剂。

2. 化学性质

镁是一个比较活泼的金属，它的化学性质主要表现在以下几个

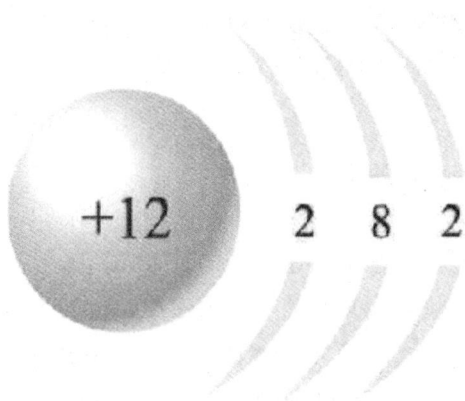

镁的原子结构示意图（镁由12个电子组成）

方面：

（1）不论在固态或在水溶液中，镁都具有较强的还原性，是常用的还原剂。例如：

高温下，金属镁能夺取某些氧化物中的氧，着火的镁条能在 CO_2 中继续燃烧，把 CO_2 还原成 C：

$$2Mg+CO_2 === 2MgO+C$$

镁可以使 SiO_2 还原成单质硅：

$$2Mg+SiO_2 === Si+2MgO$$

镁还原四氯化钛为金属钛：

$$2Mg+TiCl_4 === Ti+2MgCl_2$$

目前就是利用镁、钙等作还原剂，在真空或稀有气体保护下生产某些稀有金属。

镁应该很容易与水反应，但由于表面生成氧化膜，镁不与冷水作用。但镁能将热水分解放出氢气：

$$Mg+2H_2O（热水） === Mg(OH)_2+H_2\uparrow$$

（2）金属镁能与大多数非金属和几乎所有的酸（只有铬酸和氢氟酸除外）反应。例如镁在压力下与氢直接合成氢化镁，具有金红石结构：

$$Mg+H_2 === MgH_2$$

77

镁在空气中燃烧时射出耀眼的白光，生成氧化镁：

$$2Mg + O_2 = 2MgO$$

（3）在醚的溶液中，镁能与卤化烃或卤化芳烃作用，生成有名的格氏试剂（Grignard reagent）：

$$Mg + RX \longrightarrow RMgX \quad （R 为烃基，X 为 Cl、Br、I）$$

格氏试剂是有机化学中用途最多的试剂。

镁与氟化物、氢氟酸和铬酸不发生作用，也不受苛性碱侵蚀，但极易溶解于有机和无机酸中，镁能直接与氮、硫和卤素等化合，包括烃、醛、醇、酚、胺、脂和大多数油类在内的有机化学药品与镁仅轻微地作用或者根本不起作用。

三、镁的制备

镁存在于菱镁矿 $MgCO_3$、白云石 $CaMg(CO_3)_2$、光卤石 $KCl \cdot MgCl_2 \cdot H_2O$ 中。工业上利用电解熔融氯化镁或在电炉中用硅铁等使其还原而制得金属镁，前者叫做熔盐电解法，后者叫做硅热还原法。氯化镁可以从海水中提取。

Mg 在海水中的提取：

① $CaCO_3 = CaO + CO_2 \uparrow$（高温）

　 $CaO + H_2O = Ca(OH)_2$

② $Ca(OH)_2 + MgCl_2 = Mg(OH)_2 \downarrow + CaCl_2$

③ $Mg(OH)_2 + 2HCl + 6H_2O = MgCl_2 \cdot 6H_2O + 2H_2O$

④ $MgCl_2 \cdot 6H_2O = MgCl_2 + 6H_2O$（在氯化氢气流中加热生成无水氯化镁）

⑤ $MgCl_2$（熔融）$= Mg + Cl_2 \uparrow$（通电）

四、镁的用途

镁通常用做还原剂去置换钛、锆、铀、铍等金属。主要用于制造轻金属合金、球墨铸铁、科学仪器脱硫剂和格氏试剂，也能用于制烟火、闪光粉、镁盐等。镁的结构特性类似于铝，具有轻金属的各种用途，可作为飞机、导弹的合金材料。但是镁在汽油中燃点可燃，这限制了它的应用。

体操运动员经常涂镁粉来增加摩擦。

金属镁能与大多数非金属和酸反应；在高压下能与氢直接合成氢化镁；镁能与卤化烃或卤化芳烃作用合成格氏试剂，广泛应用于有机合成。镁具有生成配位化合物的明显倾向。

镁还是航空工业的重要材料，镁合金用于制造飞机机身、发动机零件等；镁还用来制造照相和光学仪器等；镁及其合金的非结构应用也很广；镁作为一种强还原剂，还用在钛、锆、铍、铀和铈的生产中。

纯镁的强度小，但镁合金是良好的轻型结构材料，广泛用于空间技术、航空、汽车和仪表等工业部门。一枚导弹一般消耗 $100 \sim 200$ 千克镁合金。

镁是最轻的结构金属材料之一，又具有比强度和比刚度高、阻尼性和切削性好、易于回收等优点，所以镁合金已经应用于汽车行业，以减重、节能、降低污染，改善环境。

五、镁的重要氧化物

1. 氧化镁（MgO）

氧化镁（MgO）俗称苦土，是一种白色粉末状固体。熔点 $2852℃$，沸点 $3600℃$，密度 $3.58g/cm^3$，硬度 6.50。MgO 对水呈一定惰性，特别是高温煅烧后的 MgO 难溶于水。MgO 溶于酸。

MgO 的制备方法：

（1）金属镁在高温下燃烧：

$$2Mg + O_2 \Longrightarrow 2MgO$$

（2）工业上一般通过煅烧碳酸镁或氢氧化镁来生产氧化镁：

$$MgCO_3 \Longrightarrow MgO + CO_2$$

$$Mg(OH)_2 \Longrightarrow MgO + H_2O$$

煅烧温度在 $650℃$ 左右制成的为轻质 MgO，煅烧温度在 $1650℃$ 以上时制成的为重质 MgO。

MgO 大量用于耐火材料、金属陶瓷、电绝缘材料，轻质 MgO 与 $MgCl_2$ 或 $MgSO_4$ 溶液混合后可制成镁质水泥。医疗上用 MgO 作抗酸药和轻泻药。常与易致便秘的 $CaCO_3$ 配合应用。在水处理、人造纤维织物加工、造纸、催化剂生产等方面 MgO 都有重要应用。

2. 氢氧化镁（$Mg(OH)_2$）

$Mg(OH)_2$ 是难溶于水的氢氧化物，$Mg(OH)_2$ 属于中强碱。$Mg(OH)_2$ 的密度为 $2.36g/cm^3$，加热至 $350℃$ 即脱水分解：$Mg(OH)_2 = MgO + H_2O\ Mg(OH)_2$

$Mg(OH)_2$ 易溶于酸或铵盐溶液：$Mg(OH)_2 + 2HCl = MgCl_2 + 2H_2O$；这一反应可应用于分析化学中。

将海水和廉价的石灰乳反应，可以得到 $Mg(OH)_2$ 沉淀，亦称氧化镁乳：$Mg^{2+} + Ca(OH)_2 = Mg(OH)_2 + Ca^{2+}$

$Mg(OH)_2$ 的乳状悬浊液在医药上用作抗酸药和缓泻剂。

3. 氯化镁（$MgCl_2$）

无水 $MgCl_2$ 的熔点 $714℃$，沸点 $1412℃$。氯化镁通常含有 6 个分子的结晶水，为无色易潮解的六水合物 $MgCl_2·6H_2O$，加热时即水解生成碱式氯化镁：

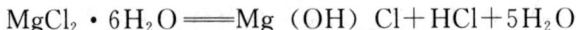

$$MgCl_2·6H_2O = Mg(OH)Cl + HCl + 5H_2O$$

若制备无水 $MgCl_2$，需要在干燥的氯化氢气流中加热脱水后得到：

$$MgCl_2·6H_2O = MgCl_2 + 6H_2O$$

$MgCl_2$ 主要用作电解生产金属镁的原料，$MgCl_2$ 溶液与 MgO 混合而成坚硬耐磨的镁质水泥。

4. 硫酸镁（$MgSO_4$）

$MgSO_4$ 是白色粉末，密度 $2.66g/cm^3$，加热到 $1124℃$ 分解。在自然界，硫酸镁以苦盐 $MgSO_4·7H_2O$ 和硫镁矿 $MgSO_4·H_2O$ 的形式存在。

$MgSO_4 \cdot 7H_2O$ 易溶于水，它不仅是著名的泻药，而且对降低血压也有显著作用。

硫酸镁用做印染的媒染剂、造纸的填充剂和防火织物的填料等。

5. 碳酸镁（$MgCO_3$）

$MgCO_3$ 是白色粉末状固体，密度 $2.958g/cm^3$，在自然界以菱镁矿存在，是镁的重要来源。$MgCO_3$ 的热稳定性较差，加热到 350℃ 即分解：

$$MgCO_3 = MgO + CO_2$$

$MgCO_3$ 溶于稀酸，不溶于水，但溶于含有 CO_2 的水中生成 $Mg(HCO_3)_2$。

$$MgCO_3 + CO_2 + H_2O = Mg(HCO_3)_2$$

天然水中常含有可溶性的 $Mg(HCO_3)_2$ 和 $Ca(HCO_3)_2$，这种水叫暂时硬水。烧开水时，原先溶解在水里的碳酸氢盐沉淀下来成为锅垢：

锅炉里的锅垢不仅浪费燃料，还会因传热不良而引起锅炉爆炸。所以锅炉用水一定要把硬水软化了再用。软化水可加入苏打（Na_2CO_3）煮沸，也可以用离子交换树脂。

市售产品一般为碱式碳酸镁 $4MgCO_3 \cdot Mg(OH)_2 \cdot 4H_2O$，其制备方法是：

$$Mg(OH)_2 + CO_2 + 2H_2O = MgCO_3 \cdot 3H_2O$$

$$5(MgCO_3 \cdot 3H_2O) = 4MgCO_3 \cdot Mg(OH)_2 \cdot 4H_2O + 10H_2O + CO_2$$

碳酸镁或碱式碳酸镁可用作耐火材料，锅炉和管道的保温材料，橡胶、化妆品等的添加剂。

第十节　其他金属

一、钠

钠在元素周期表中排第十一位。钠是一种金属元素，质地软，能使水分解释放出氢。在地壳中钠的含量为 2.83%，居第六位，主要以钠盐的形式存在，如食盐（氯化钠）、智利硝石（硝酸钠）、纯碱（碳酸钠）等。钠也是人体肌肉和神经组织中的主要成分之一。

1. 钠的性质

（1）物理性质

钠单质很软，银白色的金属光泽。钠是热和电的良导体。钠的密度是 $0.97g/cm^3$，比水的密度小，钠的熔点是 $97.81℃$，沸点是 $882.9℃$。钠单质还具有良好的延展性。

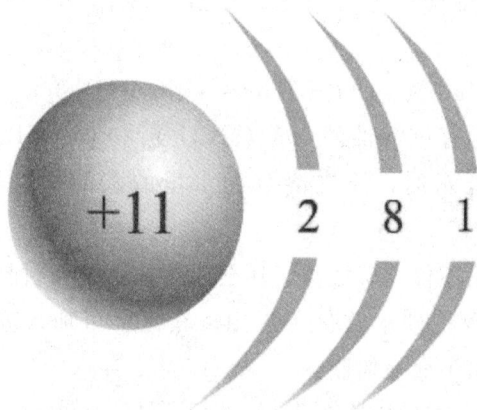

钠的原子结构示意图（钠原子最外层只有一个电子，十分容易丢失）

（2）化学性质

钠原子的最外层只有 1 个电子，很容易失去。因此，钠的化学性质非常活泼，在与其他物质发生氧化还原反应时，都是由 0 价升为 +1 价。金属性强。

①钠跟氧气的反应：

常温时　　$4Na+O_2 \!=\!=\!= 2Na_2O$（白色固体）

点燃时　　$2Na+O_2 \!=\!=\!= Na_2O_2$（淡黄色粉末）

钠在空气中点燃时，迅速熔化为一个闪亮的小球，发出黄色火焰，生成的过氧化钠比氧化钠稳定，氧化钠可以和氧气化合成为过氧化钠，

化学方程式为：

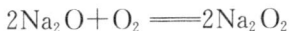

$$2Na_2O + O_2 = 2Na_2O_2$$

②钠能跟卤素、硫、磷、氢等非金属直接发生反应，生成相应的化合物：

$$2Na + Cl_2 = 2NaCl$$

$$2Na + S = Na_2S（硫化钠）（钠与硫化合时研磨会发生爆炸）$$

③钠跟水的反应：

在烧杯中加一些水，滴入几滴酚酞溶液，然后把一小块钠放入水中。

观察到的现象及由现象得出的结论有：

①钠浮在水面上（钠的密度比水小）；

②钠在水面上四处游动（有气体生成）；

③钠熔成一个闪亮的小球（钠与水反应放出热量，钠的熔点低）；

④发出嘶嘶的响声（生成了气体）；

⑤事先滴有酚酞试液的水变红（有碱生成）。

反应方程式：

$$2Na + 2H_2O = 2NaOH + H_2\uparrow$$

钠在此反应剧烈，能引起氢气燃烧，所以钠失火不能用水扑救，必须用干燥沙土来灭火。钠具有很强的还原性，可以从一些熔融的金属卤化物中把金属置换出来。由于钠极易与水反应，所以不能用钠把居于金属活动性顺序钠之后的金属从其盐溶液中置换出来。

此外，钠也和酸溶液反应。与盐溶液反应时钠先会和溶液中的水反应，生成的氢氧化钠如果能与盐反应则继续反应。

如将钠投入硫酸铜溶液中：

$$2Na + 2H_2O = 2NaOH + H_2\uparrow$$

$$2NaOH + CuSO_4 = Na_2SO_4 + Cu(OH)_2\downarrow$$

钠还和某些有机物反应，如乙醇（酒精）：$2Na + 2C_2H_5OH \longrightarrow 2CH_3CH_2ONa + H_2\uparrow$（生成物为氢气和乙醇钠）。

钠的化学性质很活泼，所以它在自然界里不能以游离态存在，因此，在实验室中通常将钠保存在煤油或石蜡油里。

纯净的钠在工业中并没有多大的用途，但是钠的化合物应用广泛。氯化钠就是餐桌上的食盐。液态的钠有时用于冷却核反应堆。以前金属钠主要用于制造车用汽油的抗暴剂，但由于会污染环境，所以已经日趋减少。金属钠还用来制取钛，及生产氢氧化钠、氨基钠、氰化钠等。熔融的金属钠在增值反应堆中可做热交换剂。

2. 钠的重要化合物

（1）过氧化钠

过氧化钠的化学式 Na_2O_2，为淡黄色粉末。它具有强氧化性，在熔融状态时遇到棉花、炭粉、铝粉等还原性物质会发生爆炸。因此存放时应该注意安全，不能与易燃物接触。它易吸潮，遇水或二氧化碳时会发生反应，生成氧气。它不溶于乙醇，可与空气中的二氧化碳作用而放出氧气，常用在缺乏空气的场合，如矿井、坑道、潜水、宇宙飞船等方面，可将人们呼出的二氧化碳再转变为氧气，以供人们呼吸之用。过氧化钠在工业上常用做漂白剂、杀菌剂、消毒剂、去臭剂、氧化剂等。通常可通过在不含二氧化碳的干燥空气流中把金属钠加热到300℃来制取过氧化钠。由于它易潮解，易和二氧化碳反应，必须保存在密封的器皿中。

（2）氯化钠

俗称食盐，是无色立方结晶或白色结晶。熔点801℃，沸点1413℃。溶于水、甘油，微溶于乙醇、液氨。不溶于盐酸。在空气中微有潮解性。由海水（平均含2.4％氯化钠）引入盐田，经日晒干燥，浓缩结晶，制得粗品。亦可将海水，经蒸汽加温，砂滤器过滤，用离子交换膜电渗析法进行浓缩，得到盐水（含氯化钠160～180g/L）经蒸发析出盐卤石膏，离心分离，制得的氯化钠95％以上（水分2％）再经干燥可制得食盐。还可用岩盐、盐湖盐水为原料，经日晒干燥，制得原盐。用地下盐水和井盐为原料时，通过蒸发浓缩，析出结晶，离心分离制

得。用于制造纯碱和烧碱及其他化工产品、矿石冶炼。食品工业和渔业用于盐腌，还可用作调味料的原料和精制食盐。

（3）氢氧化钠

俗称火碱、烧碱、苛性钠。纯的无水氢氧化钠为白色半透明，结晶状固体。氢氧化钠极易溶于水，溶解度随温度的升高而增大，溶解时能放出大量的热，常温下其饱和水溶液浓度可达 1：1。它的水溶液有涩味和滑腻感，溶液呈强碱性，具备碱的一切通性。市售烧碱有固态和液态两种：纯固体烧碱呈白色，有块状、片状、棒状、粒状，质脆；纯液体烧碱为无色透明液体。氢氧化钠还易溶于乙醇、甘油；但不溶于乙醚、丙酮、液氨。对纤维、皮肤、玻璃、陶瓷等有腐蚀作用，溶解或浓溶液稀释时会放出热量；与无机酸发生中和反应也能产生大量热，生成相应的盐类；与金属铝和锌、非金属硼和硅等反应放出氢；与氯、溴、碘等卤素发生反应。能从水溶液中沉淀金属离子成为氢氧化物；能使油脂发生皂化反应，生成相应的有机酸的钠盐和醇，这是去除织物上的油污的原理。

（4）碳酸钠

俗称纯碱、苏打。溶于无水乙醇，不溶于丙醇。稳定性较强，但高温下也可分解，生成氧化钠和二氧化碳。长期暴露在空气中能吸收空气中的水分及二氧化碳，生成碳酸氢钠，并结成硬块。吸湿性很强，很容易结成硬块，在高温下也不分解。含有结晶水的碳酸钠有 3 种：$Na_2CO_3 \cdot H_2O$、$Na_2CO_3 \cdot 7H_2O$ 和 $Na_2CO_3 \cdot 10H_2O$。

（5）碳酸氢钠

俗称小苏打，为晶体，或不透明单斜晶系细微结晶。无臭、味咸，可溶于水，微溶于乙醇。其水溶液因水解而呈微碱性，受热易分解，在 65℃以上迅速分解，在 270℃时完全失去二氧化碳，在干燥空气中无变化，在潮湿空气中缓慢分解。用作食品工作的发酵剂、汽水和冷饮中二氧化碳的发生剂、黄油的保存剂。可直接作为制药工业的原料，用于治疗胃酸过多。还可用于电影制片、鞣革、选矿、冶炼、金属热处理，以及用于纤维、橡胶工业等。同时用作羊毛的洗涤剂、泡沫灭火剂，以及用于农业浸种等。碳酸氢钠是食品工业中一种应用最广泛的疏松剂，用于生产饼干、糕点、馒头、面包等，是汽水饮料中二氧化碳的发生剂；可与明矾复合为碱性发酵粉，也可与纯碱复合为民用石碱；还可用作黄油保存剂。消防器材中用于生产酸碱灭火机和泡沫灭火机。橡胶工业利用其与明矾、H发孔剂配合起均匀发孔的作用用于橡胶、海绵生产。冶金工业用作浇铸钢锭的助熔剂。机械工业用作铸钢（翻砂）砂型的成型助剂。印染工业用作染色印花的固色剂、酸碱缓冲剂、织物染整的后处理剂。医药工业用作制酸剂的原料。

二、钾

钾的元素符号是K，原子序数为19，属周期系 I_A 族，属于碱金属。钾在地壳中的含量为 2.59%，占第七位。在海水中，除了氯、钠、镁、硫、钙之外，钾的含量占第六位。

钾是银白色金属，很软，可用小刀切割。钾单质的熔点 63.25℃，沸点 760℃，密度 0.86 g/cm³（20℃）。钾的化学性质比钠还要活泼，暴露在空气中，表面覆盖一层氧化钾和碳酸钾，使它失去金属光泽，因此金属钾应保存在煤油中以防止氧化。钾遇水能起剧烈作用，生成氢气和氢氧化钾，同时起火燃烧。燃烧时呈紫色焰。同酸的水溶液反应更加猛烈，几乎能达到爆炸的程度。在空气中表面很快氧化，加热后与氧能强烈反应，生成超氧化物和过氧化物 K_2O_2。如果氧过量，它易形成超氧化物 KO_2。钾与卤素也有强烈反应，并与许多有机物发生反应。由钾引起的火灾，不能用水或泡沫灭火剂扑灭，而要用碳酸钠干粉。钾离子能使火焰呈紫色，可用焰色反应和火焰光度计检测钾的同位素共有16种，包括钾35至钾50，其中只有钾39、钾40和钾41是稳定的，其他同位素都带有放射性。

钾可用来制造钾钠合金；在有机合成中用作还原剂；也用于制光电管等。钾的化合物在工业上用途很广：钾盐可以用于制造化肥及肥皂。

钾对动植物的生长和发育起很大作用，是植物生长的三大营养元素之一。

三、铝

铝在地壳中的分布量在全部化学元素中仅次于氧和硅，占第三位，在全部金属元素中占第一位。铝的化学元素符号是 Al。铝单质呈银白色，有色泽和延展性。做日用皿器的铝通常叫钢精。1800 年意大利物理学家伏特创建电池后，1808～1810 年间英国化学家戴维和瑞典化学家贝齐里乌斯都曾试图利用电流从铝钒土中分离出铝，但都没有成功。贝齐里乌斯却给这个未能取得的金属起了一个名字叫 alumien。这是从拉丁文 alumen 而来。该名词在中世纪的欧洲是对具有收敛性矾的总称，是指染棉织品时的媒染剂。铝后来的拉丁名称 aluminium 和元素符号 Al 正是由此而来。

1825 年丹麦化学家奥斯德发表实验制取铝的经过。1827 年，德国化学家武勒重复了奥斯德的实验，并不断改进制取铝的方法。1854 年，德国化学家德维尔利用钠代替钾还原氯化铝，制得成锭的金属铝。

1. 铝的性质

铝的化学性质比较活泼，但是由于空气中其表面会形成一层致密的氧化膜，使之不能与氧、水继续作用。在高温下能与氧反应，放出大量热，用此种高反应热，铝可以从其他氧化物中置换金属（铝热法）。例如：$8Al + 3Fe_3O_4 === 4Al_2O_3 + 9Fe$，在高温下铝也同非金属发生反应，亦可溶于酸或碱放出氢气。对水、硫化物，浓硫酸、任何浓度的醋酸，以及一切有机酸类均无作用。

铝主要是以化合态的形式存在于各种岩石或矿石里，如长石、云母、高岭市、铝土矿、明矾石等。制取铝可以从铝土矿中提取铝。将铝土矿溶于氢氧化钠（NaOH）溶液：$Al_2O_3 + 2NaOH === 2NaAlO_2 + H_2O$；再过滤，除去残渣氧化铁、硅铝酸钠等；然后酸化，向滤液中通入过量 CO_2：$NaAlO_2 + CO_2 + 2H_2O === Al(OH)_3\downarrow + NaHCO_3$；第四步是过滤、灼烧 Al（OH）$_3$：2Al（OH）$_3$ ══ Al$_2$O$_3$＋3H$_2$O（高温）；

第五步是电解：2Al$_2$O$_3$（熔融）══ 4Al＋3O$_2$↑（通电）。

铝可以从其他氧化物中置换金属。其合金质轻而坚韧，是制造飞机、火箭、汽车的结构材料。纯铝大量用于电缆。广泛用来制作日用器皿。

2. 铝的化合物

铝主要以铝硅酸盐矿石存在，还有铝土矿和冰晶石。氧化铝为一种白色无定形粉末，它有多种变体，其中最为人们所熟悉的是 α-Al$_2$O$_3$ 和 β-Al$_2$O$_3$。自然界存在的刚玉即属于 α-Al$_2$O$_3$，它的硬度仅次于金刚石，熔点高、耐酸碱，常用来制作一些轴承、磨料、耐火材料。如刚玉坩埚，可耐 1800℃ 的高温。刚玉由于含有不同的杂质而有多种颜色 β-Al$_2$O$_3$ 是一种多孔的物质，有很高的活性，又名活性氧化铝，能吸附水蒸气等许多气体、液体分子，常用作吸附剂、催化剂载体和干燥剂等，工业上冶炼铝也以此作为原料。

氢氧化铝（Al（OH）$_3$）能够用来制备铝盐、吸附剂、媒染剂和离子交换剂，也可用作瓷釉、耐火材料、防火布等原料，其凝胶液和干凝胶在医药上用作酸药，有中和胃酸和治疗溃疡的作用，用于治疗胃和十二指肠溃疡病以及胃酸过多症。

磷化铝遇潮湿或酸放出剧毒的磷化氢气体，可毒死害虫，农业上用于谷仓杀虫的熏蒸剂。

硫酸铝常用作造纸的填料、媒染剂、净水剂和灭火剂，油脂澄清剂、石油脱臭除色剂，并用于制造沉淀色料、防火布和药物等。

冰晶石即六氟合铝酸钠，在农业上常用作杀虫剂；硅酸盐工业中用于制造玻璃和搪瓷的乳白剂。

由明矾石经加热萃取而制得的明矾是一种重要的净水剂、媒染剂，医药上用做收敛剂。硝酸铝可用来鞣革和制白热电灯丝，也可用作媒染剂；硅酸铝常用于制玻璃、陶瓷、油漆的颜料以及油漆、橡胶和塑料的填料等，硅铝凝胶具有吸湿性，常被用作石油催化裂化或其他有机合成

的催化剂载体。

四、锌

锌的化学元素符号是 Zn。它是一种蓝白色金属，密度为 7.14 g/cm^3，熔点为 419.5℃。锌的化学性质十分活泼，在常温下的空气中，表面生成一层薄而致密的碱式碳酸锌膜，可阻止进一步氧化。当温度达到 225℃后，锌氧化激烈。燃烧时，发出蓝绿色火焰。锌易溶于酸，也易从溶液中置换金、银、铜等。

锌是人类自远古时期就知道的一种元素，锌矿石和铜熔化制得合金——黄铜，早为古代人们所利用。但金属状锌的获得比铜、铁、锡、铅要晚得多。世界上最早发现和使用锌的国家是我国。在 10～11 世纪中国是首先大规模生产锌的国家。明朝末年宋应星所著的《天工开物》一书中有世界上最早的关于炼锌技术的记载。生产过程非常简单，将炉甘石（即菱锌矿石）装满在陶罐内密封，堆成锥形，罐与罐之间的空隙用木炭填充，将罐打破，就可以得到提取出来的金属锌锭。另外，我国化学史和分析化学研究的开拓者王链（1888～1966）在 1956 年分析了唐、宋、明、清等古钱后，发现宋朝的绍圣钱中含锌量高，提出中国用锌开始于明朝嘉庆年间的正确的科学结论。锌的实际应用可能比《天工开物》成书年代还早。

锌的名称来源于拉丁文 Zincum，意思是"白色薄层"或"白色沉积物"，它的化学符号 Zn 也来源于此，其英文名称是 Zinc。

锌大部分用于镀锌，约 10％用于黄铜和青铜，不到 10％用于锌基合金，约 7.5％用于化学制品。

由于锌在常温下表面易生成一层保护膜，所以锌主要的用途是用于镀锌工业。锌能和许多有色金属形成合金，其中锌与铝、铜等组成的合金，广泛用于压铸件。锌与铜、锡、铅组成的黄铜，用于机械制造业。锌与酸或强碱都能发生反应，放出氢气。锌肥（硫酸锌、氯化锌）有促进植物细胞呼吸、碳水化合物的代谢等作用。锌粉、锌钡白、锌铬黄可作颜料。氧化锌还可用于医药、橡胶、油漆等工业。

自然界中，锌多以硫化物状态存在。主要含锌矿物是闪锌矿。也有少量氧化矿，如菱锌矿和异锌矿。

五、钡

钡的化学元素符号是 Ba，原子序数是 56。钡是一种银白色金属，略具光泽，有延展性。密度 $3.51g/cm^3$。熔点 $725℃$。沸点 $1640℃$。在地球地壳的含量占约 0.05%，主要是重晶石和毒重石。

自然界中的钡主要以化合物的形态存在，例如硫酸钡、氧化钡，钡在化合物中是以 +2 的氧化态存在。

金属钡十分软，能用小刀切割。金属钡暴露在空气中，表面形成一层氧化物薄膜，由于它很活泼，且容易被氧化，应保存在煤油和液体石蜡中。钡能与大多数非金属反应，钡与氧气发生反应，生成氧化钡（BaO），它在 $600℃$ 继续与氧气作用，可生成过氧化钡（BaO_2）。在高于 $800℃$ 时，过氧化钡又分解为氧化钡，并放出氧气。在室温下，钡与水剧烈反应，生成强碱氢氧化钡，放出氢气。钡溶于酸，生成盐，钡盐除硫酸钡外都有毒。

1779 年瑞典舍勒从重晶石中分离出一种氧化物，命名为重土，法国拉瓦锡认为重土是一种未知金属的氧化物。1808 年英国戴维用电解氧化钡和氧化汞的混合物，制得钡汞齐，蒸去汞，得金属钡，由于钡是用重晶石（Barite）制得的，因此命名为 barium，含义是"重"。1808 年，戴维电解重晶石，获得金属钡，就命名为 barium，元素符号定为 Ba，我们称为钡。

能溶于水的钡盐都有剧毒。急性中毒的症状是眩晕、呕吐、腹泻、心律紊乱、麻痹，严重者会致死。使用钡盐时要注意切忌与伤口接触，不能入口，废弃的可溶性钡盐都要用硫酸钠处理，将其转变为无毒的硫酸钡。在 $1000\sim1200℃$，用金属铝还原氧化钡，可制得金属钡，再用真空蒸馏法提纯。金属钡用作消气剂，除去真空管和显像管中的痕量气

体，还用作球墨铸铁的球化剂，还是轴承合金的组分。锌钡白用作白漆颜料，碳酸钡用作陶器釉料，硝酸钡用于制造焰火和信号弹，重晶石用于石油钻井，钛酸钡是压电陶瓷，用于制造电容器。

钡的化合物有很多，如硫酸钡。硫酸钡也叫做钡白，是一种白色结晶固体，化学式为 $BaSO_4$，几乎不溶于水和其他传统溶剂，溶于浓硫酸。重晶石的主要成分是硫酸钡，是常见的钡矿石。硫酸钡是一种常见的实验室和工业用化学品。硫酸钡也是医学上常用的"钡餐"。由于硫酸钡中的钡是重金属元素，X 射线对它的穿透能力较差。利用这一性质，医疗上用高致密度的医用硫酸钡（俗称"钡餐"）作为消化系统的 X 射线造影剂进行内脏比衬检查。检查前，由病人吞服调好的硫酸钡，作 X 射线检查时，可以明显地显示出硫酸钡在消化系统的分布情况，据此，医生就可作出相应的病理判断。

碳酸钡化学式为 $BaCO_3$，因为有毒所以称为毒重石。它是一种不溶于水的白色沉淀，是一种常见的无机盐。1450℃时分解而成氧化钡和二氧化碳。遇酸分解，与硫酸作用生成白色硫酸钡沉淀。

六、碱金属

碱金属是元素周期表中第 I$_A$ 族元素锂、钠、钾、铷、铯、钫六种金属元素的统称，也是它们对应单质的统称。（钫因为是放射性元素所以通常不予考虑）因它们的氢氧化物都易溶于水（除 LiOH 溶解度稍小外），且呈强碱性，故此命名为碱金属。氢虽然是第 I$_A$ 族元素，但它在普通状况下是双原子气体，不会呈金属状态。只有在极端情况下（1.4 兆帕压力），电子可在不同氢原子之间流动，变成金属氢。

碱金属盐类最大的特点是易溶性。它们的盐类大都易溶于水。碱金属都是银白色的（铯略带金黄色），比较软的金属，密度比较小，熔点和沸点都比较低。它们生成化合物时都是 +1 价阳离子，碱金属原子失去电子变为离子时最外层一般是 8 个电子，但锂离子最外层只有 2 个电子。

碱金属都能和水发生激烈的反应，生成强碱性的氢氧化物，随原子量增大反应能力越强。在氢气中，碱金属都生成白色粉末状的氢化物。碱金属都可在氯气中燃烧，而碱金属中只有锂能在常温下与氮气反应。由于碱金属化学性质都很活泼，为了防止与空气中的水发生反应，一般将它们放在煤油或石蜡中保存。

碱金属都是活泼金属。碱金属单质以金属键相结合。因原子体积较大，只有一个电子参加成键，所以在固体中原子间相互作用较弱。碱金属的熔点和沸点都较低，硬度较小（如钠和钾可用小刀切割）。

跟同周期的其他元素相比，碱金属原子半径最大（除稀有气体元素外），碱金属在自然界中都以化合态存在。它在化学反应中常用做还原剂。

碱金属					
锂	钠	钾	铷	铯	钫
Li	Na	K	Rb	Cs	Fr
原子序数：3	原子序数：11	原子序数：19	原子序数：37	原子序数：55	原子序数：87
原子量：6.941	原子量：22.99	原子量：	原子量：85.68	原子量：	原子量：(223)
熔点：453.69	熔点：370.87	39.098	熔点：312.46	132.905	熔点：295
沸点：1615	沸点：1156	熔点：336.58	沸点：961	熔点：301.59	沸点：950
电负性：0.98	电负性：0.96	沸点：1032	电负性：0.82	沸点：944	电负性：0.7
		电负性：0.82		电负性：0.79	

七、过渡元素

过渡元素是指周期表中从 III$_B$ 族到 VIII 族的元素。共有三个系列的元素（钪到镍、钇到钯和镧到铂），电子逐个填入它们的 3d、4d 和 5d 轨道。人们所说的过渡元素也包括镧系元素和锕系元素。

过渡元素

族	3	4	5	6	7	8	9	10	11	12
第一过渡系	21 Sc 钪	22 Ti 钛	23 V 钒	24 Cr 铬	25 Mn 锰	26 Fe 铁	27 Co 钴	28 Ni 镍	29 Cu 铜	30 Zn 锌
第二过渡系	39 Y 钇	40 Zr 锆	41 Nb 铌	42 Mo 钼	43 Tc 锝	44 Ru 钌	45 Rh 铑	46 Pd 钯	47 Ag 银	48 Cd 镉
第三过渡系	71 Lu 镥	72 Hf 铪	73 Ta 钽	74 W 钨	75 Re 铼	76 Os 锇	77 Ir 铱	78 Pt 铂	79 Au 金	80 Hg 汞
第四过渡系	103 Lr 铹	104 Rf 𬬻	105 Db 𬭊	106 Sg 𬭛	107 Bh 𬭳	108 Hs 𬭶	109 Mt 䥑	110 Ds 𫟼	111 Uuu	112 Uub

"过渡元素"首先由门捷列夫提出,用于指代 8、9、10 三族元素。他认为从碱金属到锰族是一个"周期",铜族到卤素又是一个,那么夹在两个周期之间的元素就一定有过渡的性质。但是虽然这个词汇还在使用,但是已经失去了原来的意义。

过渡元素的特征性质有以下几点:

(1)都是金属,具有熔点高、沸点高、硬度高、密度大等特性;并有金属光泽及延展性、高导电性和导热性。例如钨和钽的熔点分别是 3410℃ 和 2996℃。不同的过渡金属之间可以形成多种合金。

(2)过渡元素中的 d 电子参与了化学键的形成,所以在它们的化合物中常表现出多种氧化态。最高氧化态从每行起始元素(钪、钇、镧)的 +3 增加到第六个元素(钌、锇)的 +8。在过渡元素的每个竖列中,元素的最高氧化态一般体现在该列底部的元素中,例如铁、钌、锇这一列里,铁的最高氧化态是 +6,而锇的则达到 +8。

(3)过渡元素具有能用于成键的空 d 轨道和较高的电荷/半径比,容易形成稳定的配位化合物,例如能形成 Au(CN)$_2$— 配离子,可用于低品味金矿中回收金。此外，维生素 B_{12} 是 Co（III）的配合物，血红素是 Fe（III）的配合物。过渡元素常用作催化剂。

大多数过渡金属都是以氧化物或硫化物的形式存在于地壳中，只有金、银等几种单质可以稳定存在。

第十一节　惰性气体

在元素周期上，大部分的元素都容易与其他物质发生反应，只有一小部分不容易与其他物质发生反应，其中就包括惰性气体。

惰性气体又称钝气、稀有气体、贵重气体，共有六种。按照原子量递增的顺序排列，依次是氦、氖、氩、氪、氙、氡。在通常情况下，它们不与其他元素化合，而仅以单个原子的形式存在。

最早被发现的惰性气体是氩，1894 年就被探测到，它也是最常见的惰性气体，占大气总量的 1%。其他惰性气体几年之后才被发现，它们在地球上的含量十分稀少。

稀有气体都是无色、无臭、无味的，微溶于水，溶解度随分子量的增加而增大。稀有气体的分子都是由单原子组成的，它们的熔点和沸点都很低，随着原子量的增加，熔点和沸点增大。它们在低温时都可以液化。由于稀有气体除氦以外最外层都是 8 个电子，其原子结构稳定，所以化学性质很不活泼，不仅很难与其他元素化合，而且自身也是以单原子分子的形式存在，原子之间仅存在着微弱的范德华力。直到 1962 年，英国化学家巴利特才利用强氧化剂 PtF_6 与氙作用，制得了第一种惰性气体的化合物 Xe（PtF_6），以后又陆续合成了其他惰性气体化合物，并将它的名称改为稀有气体。

稀有气体中，原子最小的惰性气体是氦。在所有各类元素中，它是最不喜欢参与化合反应的，也是惰性最强的元素。甚至氦原子本身之间也极不愿意结合，因而直到温度降到 −269℃ 时，才能变成液态。液态氦是能够存在的温度最低的液体，它对于科学家研究低温是至关重

要的。

氦在大气中只有微量的存在，不过当像铀与钍这样的放射性元素衰变时，也能生成氦。这种积聚过程发生在地下，因而在一些油井中能产生氦。每个氦原子只有两个电子，所以其惰性之强比其他的惰性气体都要高出几倍。

空气是制取稀有气体的主要原料，经气体液化和分馏方法可从空气中获得氖、氩、氪和氙；氦气通常从天然气提取出来；氡气则通常由镭化合物经放射性衰变后分离出来。稀有气体在工业方面主要应用在照明设备、焊接和太空探索。氦也会应用在深海潜水，如潜水深度大于55米，潜水员所用的压缩空气瓶内的氮要被氦代替，以避免氧中毒及氮麻醉的症状。另一方面，由于氢气非常不稳定容易燃烧和爆炸，现今的飞艇及气球都采用氦气替代氢气。

世界上的第一盏霓虹灯是填充氖气制成的（霓虹灯的英文原意是"氖灯"）。氖灯射出的红光，在空气里透射力很强，可以穿过浓雾。因此，氖灯常用在机场、港口、水陆交通线的灯标上。灯管里充入氩气或氦气，通电时分别发出浅蓝色或淡红色光。有的灯管里充入了氖、氩、氦、水银蒸气等四种气体（也有三种或两种的）的混合物。由于各种气体的相对含量不同，便制得五光十色的各种霓虹灯。人们常用的荧光灯，是在灯管里充入少量水银和氩气，并在内壁涂荧光物质（如卤磷酸钙）而制成的。通电时，管内因水银蒸气放电而产生紫外线，激发荧光物质，使它发出近似日光的可见光，所以又叫做日光灯。

氩气被填入灯泡保护钨丝，一般还作为焊接的保护气，即氩弧焊。氩气经高能的宇宙射线照射后会发生电离。利用这个原理，可以在人造地球卫星里设置充有氩气的计数器。当人造卫星在宇宙空间飞行时，氩气受到宇宙射线的照射。照射得越厉害，氩气发生电离也越强烈。卫星上的无线电机把这些电离信号自动地送回地球，人们就可根据信号的大小来判定空间宇宙辐射带的位置和强度。

氪能吸收X射线，可用作X射线工作时的遮光材料。氙灯具有高度的紫外光辐射，可用于医疗技术方面。氖能溶于细胞质的油脂里，引起细胞的麻醉和膨胀，从而使神经末梢作用暂时停止。人们曾试用80％氖和20％氧组成的混合气体，作为无副作用的麻醉剂。在原子能工业上，氖可以用来检验高速粒子、粒子、介子等的存在。

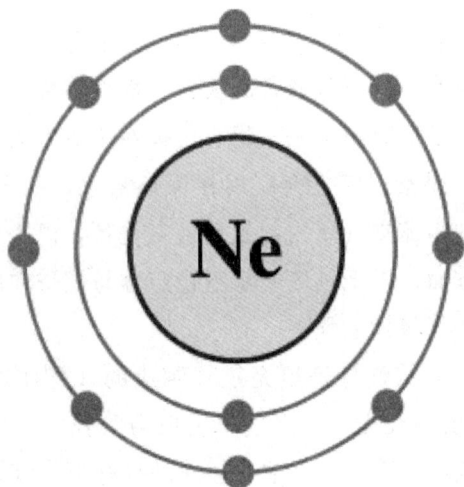

氖的最外层是8个电子。稀有气体的最外层都有8个电子，除了氦以外，氦的最外层有2个电子

自19世纪以来，稀有气体不能生成热力学稳定化合物的结论给科学家人为地划定了一个禁区，致使绝大多数化学家不愿再涉猎这一被认为是荒凉贫瘠的不毛之地，关于稀有气体化学性质的研究被忽略了。但是仍有一些科学家试图合成稀有气体的化合物。1932年，前苏联的阿因托波夫曾说，他在液体空气冷却器内，用放电法使氮与氯、溴反应，制得了较氯易挥发的暗红色物质，并认为是氮的卤化物。但当有人采用他的方法重复实验时却未获成功。阿因托波夫就此否定了自己的说法，认为所谓氮的卤化物实际上是氧化氮和卤化氢，并非氮的卤化物。1933年，美国著名化学家鲍林通过对离子半径的计算，曾预言可以制得六氟化氙（XeF_6）、六氟化氪（KrF_6）、氙酸及其盐。扬斯特因此用紫外线

照射和放电法试图合成氟化氩和氯化氩，均未成功。他在放电法合成氟化氩的实验中将氟和氩按一定比例混合后，在铜电极间施以 3 万伏的电压，进行火花放电，但未能检验出氟化氩的生成。此后几十年，都没有人再愿意涉足这一个领域。到了 1961 年，连鲍林也否定了自己原来的预言，认为"氩在化学上是完全不反应的，它无论如何都不能生成通常含有共价键或离子键化合物的能力"。

十分戏剧性的是，在 1962 年，第一个稀有气体化合物——六氟合铂酸氙（$XePtF_6$）竟奇迹般地出现，开创了稀有气体研究的新局面。同年 8 月，科学家又得到了 XeF_4、XeF_2 和 XeF_6。到 1963 年初，关于氪和氡的一些化合物也陆续被合成出来了。至今，人们已经合成出了数以百计的稀有气体化合物，但却仅限于原子序数较大的氪、氙、氡，至于原子序数较小的氦、氖、氩，目前仍未制得它们的化合物，但有人已从理论上预测了合成这些化合物的可能性。随着科学的发展，稀有气体的化合物都将被制造出来。

性质	氦	氖	氩	氪	氙	氡
密度（g/dm³）	0.1786	0.9002	1.7818	3.708	5.851	9.97
沸点（K）	4.4	27.3	87.4	121.5	166.6	211.5
熔点（K）	0.95	24.7	83.6	115.8	161.7	202.2
汽化热（kJ/mol）	0.08	1.74	6.52	9.05	12.65	18.1
20℃时在水中的溶解度（cm³/kg）	8.61	10.5	33.6	59.4	108.1	230
原子序数	2	10	18	36	54	86
原子半径（pm）	130	160	192	198	218	—

第五章　二元素的化合物

第一节　氧与氢的化合物

一、水

水是氢气和氧气重要的化合物之一。氢气在空气里的燃烧，与氧气反应生成水：

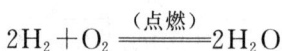

$$2H_2 + O_2 \xrightarrow{\text{（点燃）}} 2H_2O$$

在这一反应过程中有大量热放出，火焰呈淡蓝色。燃烧时放出热量是相同条件下汽油的三倍。因此可用作高能燃料，在火箭上使用。我国长征 3 号火箭就用液氢燃料。

水的化学式是 H_2O，是由氢、氧两种元素组成的无机物，在常温下是无色无味的透明液体。在自然界，纯水是非常罕见的，水通常多是酸、碱、盐等物质的溶液，习惯上仍然把这种水溶液称为水。纯水可以用铂或石英器皿经过几次蒸馏取得，但是这种意义上的纯水也并不是绝对没有杂质。

水可以在固态、液态、气态之间转化。固态的水称为冰；气态叫水蒸气。水汽温度高于 374.2℃时，气态水便不能通过加压转化为液态水。

水的热稳定性很强，水蒸气加热到 1727℃以上，也只有极少量离解为氢和氧，但蒸馏水在通直流电的条件下会离解为氢气和氧气。具有

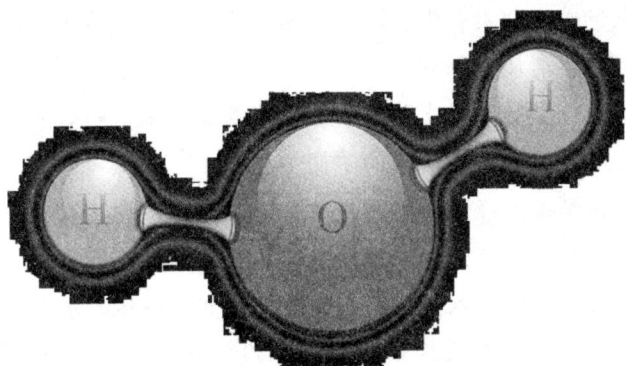

水分子的结构

很大的内聚力和表面张力，除汞以外，水的表面张力最大，并能产生较明显的毛细现象和吸附现象。纯水没有导电能力，普通的水含有少量电解质而有导电能力。水也是良好的溶剂，大部分的无机化合物都能够溶于水。

水作为液体所能起的各种作用是其他的物质无法代替的。这多半是由于水的性质决定的。比如，水在 4℃ 时密度最大，再冷，反而体积膨胀起来，所以冰比水轻，浮在水面；冰不善于传热，才不会一冻到底，保证水下生物安全过冬；水容热的能耐很大，是铁的 10 倍、沙的 5 倍、空气的 4 倍，所以海洋性气候温和；人体也靠水来保持体温；水的三态（水、冰和水汽）可以在自然状态下共存；水的凝聚性、表面张力，使岩石和土壤的缝隙中能"含"水，水能"爬"上高高的树梢，给植物送水分和养料；几乎什么物质都能溶解于水，所以鱼儿才能从水中得到氧气。

水是生命之源，其循环路径有两条，一是从海洋或其他水体中也可以从动植物体内蒸发进入空气；二是从天空中下落进入海洋，从陆地被动植物吸收或径流进入海洋。

地球是宇宙迄今为止发现的唯一被液态水所覆盖的星球。那么地球上的水从何而来呢？关于这个问题的观点很多。一般认为水是地球固有的。当地球从原始太阳星云中凝聚出来时，这些水便以结构水、结晶水等形式存在于矿物和岩石中。以后，随着地球的不断演化，轻重物质的分异，它们便逐渐从矿物和岩石中释放出来，成为海水的来源。例如，在火山活动中总是有大量水蒸气伴随岩浆喷溢出来，一些人认为，这些水汽便是从地球深处释放出来的"初生水"。

然而，科学家们经过对"初生水"的研究，发现它只不过是渗入地下，然后又重新循环到地表的地面水。况且，在地球近邻中，金星、水星、火星和月球都是贫水的，唯有地球拥有如此巨量的水。这实在令人感到迷惑不解。但也有人说虽然火山蒸汽与热泉水主要来自地面水循环，但不排除其中有少量"初生水"。如果过去的地球一直维持与现在火山活动时所释放出来的水汽总量相同的水汽释放量，那么几十亿年来累计总量将是现在地球大气和海洋总体积的100倍。所以他们认为，其中99%是周而复始的循环水，但却有1%是来自地幔的"初生水"。正是这部分水构成了海水的来源。而地球的近邻贫水，是由于其引力不够、或温度太高，不能将水保住，更不能由此推断地球早期也是贫水的。也有人认为水来自太空，水从太空来到地球有两个途径：一是落在地球上的陨石，二是来自太阳的质子形成的水分子。

一些科学家认为地球上的水是由撞入地球的彗星带来的。因为从人造卫星发回的数千张地球大气紫外辐射照片中发现，在圆盘状的地球图像上总有一些小斑点，每个小黑斑大约存在二三分钟，面积2000平方千米。科学家们认为，这些斑点是一些由冰块组成的小彗星冲入地球大气层造成的，地球中最原始的水正是这种陨冰因摩擦生热转化为水蒸气的结果。科学家估计，每分钟大约有20颗平均直径为10米的冰状小彗星进入地球大气层，每颗释放约100吨水。自地球形成至今46亿年中，将有23亿立方千米的彗星水进入地球。这个数字显然大大超过现有的海水总量。

水对世间万物的作用都是不可代替的。大气中的水汽能阻挡地球辐射量的60%，保护地球不致冷却。海洋和陆地水体在夏季能吸收和积累热量，使气温不致过高；在冬季则能缓慢地释放热量，使气温不致过

低。海洋和地表中的水蒸发到天空中形成了云，云中的水通过降水落下来变成雨，冬天则变成雪。落于地表上的水渗入地下形成地下水；地下水又从地层里冒出来，形成泉水，经过小溪、江河汇入大海。形成一个水循环。

地球表面有 71％被水覆盖，地球表层水体构成了水圈，包括海洋、河流、湖泊、沼泽、冰川、积雪、地下水和大气中的水。世界上最大的水体是太平洋。北美的五大湖是最大的淡水水系。欧亚大陆上的里海是最大的咸水湖。

地球上水的体积大约有 136000 万立方千米。海洋占了 132000 万立方千米（97.2％）；冰川和冰盖占了 2500 万立方千米（1.8％）；地下水占了 1300 万立方千米（0.9％）；湖泊、内陆海，和河里的淡水占了 25 万立方千米（0.02％）；大气中的水蒸气在任何已知的时候都占了 13000 立方千米（0.001％）。

根据水质不同，可将水分成软水和硬水。根据氢的同位素可以分重水和超重水。重水的化学分子式为 D_2O，每个重水分子由两个氘原子和一个氧原子构成。重水在天然水中占不到万分之二，通过电解水得到的重水比黄金还昂贵。重水可以用来做原子反应堆的减速剂和载热剂。超重水的化学分子式为 T_2O，每个重水分子由两个氚原子和一个氧原子构成。超重水在天然水中极其稀少，其比例不到十亿分之一。超重水的制取成本比重水还要高上万倍。

氘化水的化学分子式为 HDO，每个分子中含一个氢原子、一个氘原子和一个氧原子，但是并没有什么用途。

与水相关的化学反应

水是一种极弱的电解质，它能微弱地电离：$H_2O + H_2O \leftrightarrow H_3O^+ + OH^-$（通常 H_3O^+ 简写为 H^+）。

能溶于水的酸性氧化物或碱性氧化物都能与水反应，生成相应的含氧酸或碱。酸和碱发生中和反应生成盐和水。水在电流的作用下能够分解成氢气和氧气。碱金属和水接触会发生燃烧。

在催化剂的作用下，无机物和有机物能够与水进行水解反应：

有机物的水解：有机物分子中的某种原子或原子团被水分子的氢原子或羟基（OH^-）代换。

无机物的水解：通常是盐的水解，例如弱酸盐乙酸钠与水中的H^+结合成弱酸，使溶液呈碱性。

此外，水本身也可以作为催化剂。

水资源短缺

地球上总储水量虽然很庞大，但是只有 2.5% 为淡水。淡水又主要以冰川和深层地下水的形势存在，河流和湖泊中的淡水仅占世界总淡水的 0.3%。我们的饮用水是淡水。由于人口的日益膨胀，导致淡水资源短缺问题越来越严重。

1996 年，世界气象组织指出：缺水已经是全世界城市面临的首要问题，估计到 2050 年，世界 2/3 以上的人口将生活在城市，而全球有 46% 的城市人口缺水，必须平衡社会经济发展和城市淡水供应管理二者之间的关系，进行水资源的储存、输送和管理的大规模工程建设。英国《独立报》称，世界上的大河正以令人担忧的速度枯竭断流，给人类、动物及地球的未来造成毁灭性的后果。雪上加霜的是，全世界最长的 20 条河流均遭到大坝拦截。1/5 的淡水鱼群已经或濒临绝迹。2006 年 3 月 16 日，第四届世界水资源论坛上，联合国在向大会提交的《世界水资源发展报告》中说，我们已严重改变了全球河流的自然规律。而同样出自联合国的一项名为"综合评估世界淡水资源"的研究报告说：如果人们继续像现在这样不加节制的话，30 年后贫水人口数将可能达到 2/3。据媒体报道，一些第三世界国家城市中有 60% 的饮用水管道蚀损严重，流失了许多水量。

三、过氧化氢（H_2O_2）

过氧化氢俗称双氧水，分子式为 H_2O_2，是除水外的另一种氢的氧化物。化学性质不稳定，一般以 30% 或 60% 的水溶液形式存放。过氧

化氢有很强的氧化性，且具弱酸性。

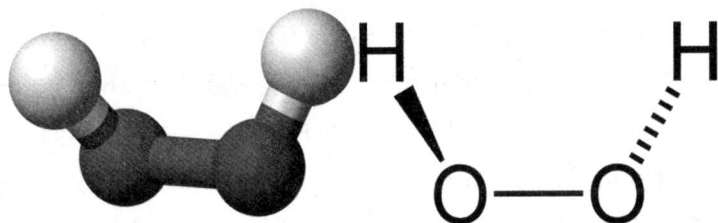

过氧化氢分子的结构

1818年，法国化学家泰那尔发现水系无机物、有机物在自动氧化时，或者在生物体内呼吸氧气时，在生成水之前会生成过氧化氢。

纯过氧化氢是淡蓝色的黏稠液体，熔点 $-0.7°C$，沸点 $150°C$。凝固点时固体密度为 $1.71g/cm^3$，密度随温度升高而减小。纯过氧化氢比较稳定，若加热到 $153°C$ 便会很快的分解为水和氧气。

过氧化氢分子为椅型结构。过氧化氢可溶于乙醇、乙醚，不溶于苯。对有机物有很强的氧化作用，一般作为氧化剂使用。

制备过氧化氢曾用过电解法。1953年，杜邦公司采用蒽醌法制备，以烷基蒽醌如2-乙基蒽醌为媒介物，循环氧化还原製得。现在世界各国基本上都是用这一技术。

过氧化氢是非常强的氧化剂，它可以发生多种反应。

（1）过氧化氢可自发分解生成水和氧气，重金属离子 Fe^{2+}、Mn^{2+}、Cu^{2+} 等对过氧化氢的分解有催化作用。过氧化氢在酸性和中性介质中较稳定，在碱性介质中易分解。用波长为 $320\sim380$ 纳米的光照射会使过氧化氢分解速度加快，故过氧化氢应盛于棕色瓶中并放在阴凉处。

H_2O_2 与 Fe^{2+} 的混合溶液称为 Fenton 试剂。在某些离子如 Fe^{2+}、Ti^{3+} 催化下，过氧化氢分解反应会生成自由基中间体 $HO\cdot$（羟基自由基）和 $HOO\cdot$。一般使用的双氧水中都会含有一定量的稳定剂，以减少过氧化氢的分解。常用的稳定剂包括：锡酸钠、焦磷酸钠和有机亚磷酸酯。

（2）过氧化氢可在水溶液中氧化或还原很多无机离子。用做还原剂时产物为氧气，用作氧化剂时产物为水。例如酸性溶液中，过氧化氢可将 Fe^{2+} 氧化为 Fe^{3+}：与过氧化氢作用，亚硫酸根（SO_3^{2-}）可被氧化为硫酸根（SO_4^{2-}），高锰酸钾在酸性溶液中会被还原为 Mn^{2+}。由于标准电极电势的缘故，反应在不同 pH 环境下进行的方向可能不同，如碱性溶液中，过氧化氢会将 Mn^{2+} 氧化为 Mn^{IV}，以 MnO_2 形式生成。过氧化氢还原次氯酸钠的反应可用于在实验室中制备氧气；有机化学中，过氧化氢常用作氧化剂，可将硫醚氧化为亚砜。甲基苯基硫醚与其反应时，会被氧化为甲基苯基亚砜，以甲醇作溶剂或三氯化钛催化，产率为 99％：

过氧化氢的碱性溶液可用于富电子烯烃（如丙烯酸）的环氧化反应，以及在硼氢化一氧化反应第二步中氧化烷基硼至醇。

（3）过氧化氢与很多无机或有机化合物反应时，生成新的过氧化物：过氧化氢在低温下与铬酸或重铬酸盐酸性溶液反应时，会生成不稳定的蓝色 $CrO(O_2)_2$，可用乙醚或戊醇萃取。水溶液中过氧化铬很快分解为氧气和含铬离子。

过氧化氢与硼砂反应会生成过硼酸钠，可用作消毒剂：过氧化氢可生成很多含有 O_2^{2-} 过氧根离子的无机盐类，其中比较重要的如过氧化钙、过氧化钠和过氧化镁。

与丙酮反应生成炸药三过氧化三丙酮（TATP），与臭氧反应生成三氧化二氢，与尿素反应生成过氧化尿素。

过氧化氢与三苯基氧化膦生成酸碱加合物，有些反应中用做过氧化氢的等同试剂。

与水相比，过氧化氢的碱性要弱得多，只有与很强的酸反应才会生成加合物。超强酸 HF/SbF_5 可将过氧化氢质子化，生成含 $[H_3O_2]^+$ 离子的产物。

过氧化氢的应用

一般低浓度（如 3％）的过氧化氢，主要用于杀菌及其他医疗用途。至于较高浓度者（大于10％），则用于纺织品、皮革、纸张、木材制造工业，作为漂白及去味剂。过氧化氢也是染发剂的成分之一，还用作合成有机原料（邻苯二酚）的材料，医药、金属表面处理剂，聚合引发剂等。还可用作火箭推进剂。

第二节　氧与氮的化合物

氮氧化物有许多种化合物，如一氧化二氮（N_2O）、一氧化氮（NO）、二氧化氮（NO_2）、三氧化二氮（N_2O_3）、四氧化二氮（N_2O_4）和五氧化二氮（N_2O_5）等。除二氧化氮以外，其他氮氧化物均极不稳定，遇光、湿或热变成二氧化氮及一氧化氮，一氧化氮又变为二氧化氮。因此，职业环境中接触的是几种气体混合物常称为硝烟（气），主要为一氧化氮和二氧化氮，并以二氧化氮为主。氮氧化物都具有不同程度的毒性。

一、一氧化氮（NO）

一氧化氮（NO）为无色气体，分子量30.01，熔点$-163.6℃$，沸点$-151.5℃$。溶于乙醇、二硫化碳，微溶于水和硫酸，水中溶解度4.7％（20℃）。性质不稳定，在空气中易氧化成二氧化氮（$2NO+O_2$ ——→$2NO_2$）。NO也能与卤素反应生成卤化亚硝酰（NOX），如$2NO+Cl_2$ ===$2NOCl$。一氧化氮结合血红蛋白的能力比一氧化碳还强，更容易造成人体缺氧。不过，人们也发现了它在生物学方面的独特作用。一氧化氮分子作为一种传递神经信息的信使分子，在使血管扩张，免疫，增强记忆力等方面有着及其重要的作用。免疫系统产生的一氧化氮分子，不仅能抗击侵入人体的微生物，而且还能够在一定程度上阻止癌细胞的繁殖，阻止肿瘤细胞扩散。

工业制备一氧化氮是在铂网催化剂上用空气将氨氧化的方法；实验室中则用金属铜与稀硝酸反应。

一氧化氮在常温下为气体，具有脂溶性是使它在人体内成为信使分子的可能因素之一。它不需要任何中介机制就可快速扩散通过生物膜，将一个细胞产生的信息传递到它周围的细胞中，主要影响因素是它的生物半寿期。具有多种生物功能的特点在于它是自由基，极易参与与传递电子反应，加入机体的氧化还原过程中。分子的配位性又使它与血红素铁和非血红素铁具有很高的亲和力，以取代 O_2 和 CO_2 的位置。从而引发一氧化氮中毒。

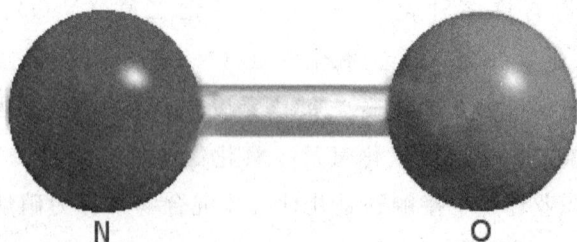

一氧化碳的结构

一氧化氮的分子结构有未成对的电子，因此它是个奇分子，大多数奇分子都有颜色，然而一氧化氮仅在液态或固态时才呈蓝色。一氧化氮分子在固态时会缔合成松弛的双聚分子 $(NO)_2$，这也是它具有单电子的必然结果。

二、二氧化氮（NO_2）

二氧化氮又称过氧化氮，是氮氧化物之一。室温下为有刺激性气味的红棕色顺磁性气体，较难溶于水。二氧化氮吸入后对肺组织具有强烈的刺激性和腐蚀性。作为氮氧化物之一的二氧化氮，是工业合成硝酸的中间产物，每年有大约几百万吨被排放到大气中，是一种重要的大气污染物。

二氧化氮在 21.1℃温度时为红棕色刺鼻气体；在 21.1℃以下时呈暗褐色液体。在 −11℃ 以下温度时为无色固体，加压液体为四氧化二氮。分子量 46.01，熔点 −11.2℃，沸点 21.2℃，溶于碱、二硫化碳和

氯仿，微溶于水。性质较稳定。二氧化氮能使多种织物褪色，损坏多种织物和尼龙制品，对金属和非金属材料也有腐蚀作用。二氧化氮可以转换成四氧化二氮，方程式为 $2NO_2 \Longrightarrow N_2O_4$，正反应是放热。

二氧化氮易被压缩成红棕色液体，冷却时液体颜色逐渐变淡，最终成为无色。这是由于气体在冷却时二聚成无色的四氧化二氮的缘故。低于 0℃ 几乎完全二聚，至 140℃ 即全部分解为 NO_2，超过 150℃ 即发生热分解，至 620℃ 完全分解：$2NO_2 \longrightarrow 2NO + O_2$。

氮氧化物种类很多，但造成大气污染的主要是一氧化氮（NO）和二氧化氮（NO_2），因此环境学中的氮氧化物一般就指这二者的总称。

工业上常用空气中的氧气氧化一氧化氮制取二氧化氮；在实验室中，可以通过金属硝酸盐的热分解反应制备少量的二氧化氮；也可以通过五氧化二氮的热分解来制备 NO_2。五氧化二氮可以通过硝酸脱水得到。生成的气体冷凝以除去硝酸，再通过五氧化二磷干燥，便得到较纯净的二氧化氮。铜与浓硝酸共热也可以生成二氧化氮。

二氧化氮中的 N—O 键键能较低，故它是一个很好的氧化剂。特定条件下可以将氯化氢、一氧化碳等还原剂氧化。有时与烃混合后，会使烃类发生爆炸性燃烧。

与水反应生成硝酸。该反应是工业上用氨制硝酸（奥斯特瓦尔德制硝酸法）的反应之一。

$$3NO_2 + H_2O \Longrightarrow 2HNO_3 + NO$$
$$4NO_2 + 2H_2O + O_2 \Longrightarrow 4HNO_3$$

溶于氢氧化钠溶液歧化生成亚硝酸钠与硝酸钠，该反应是除去实验中二氧化氮尾气的常用反应。与一氧化氮溶于氢氧化钠溶液归中生成亚硝酸钠光照或加热时，硝酸可以分解出二氧化氮，这就造成了大多数硝酸样品所特有的黄色。NO_2 与金属氧化物反应生成无水金属硝酸盐；烷基和金属碘化物也可以通过类似的反应生成相应的硝酸酯和硝酸盐。

二氧化氮虽然不会燃烧，但可助燃，具有强氧化性。遇衣物、锯末、棉花或其他可燃物能立即燃烧。与一般燃料或火箭燃料以及氯化烃等猛烈反应引起爆炸。遇水有腐蚀性，腐蚀作用随水分含量增加而加剧。

　　二氧化氮是一种影响空气质量的重要污染物。虽然吸入二氧化氮会导致中毒反应，但由于二氧化氮过于刺激反而使得中毒事故较容易避免。例如，发烟硝酸就经常被 NO_2 污染。在吸入少量但潜在致命的剂量的二氧化氮后，中毒症状（肺水肿）会在几小时后显现。低浓度（百万分之四）的二氧化氮会使鼻子麻痹，从而可能导致过量吸收。长期暴露在 NO_2 浓度为 $0.04\sim0.1g/m^2$ 的环境中会导致不利的健康影响。

　　空气中的二氧化氮可由大多数燃烧过程生成。在高温下，氮气于氧气结合而产生二氧化氮。

　　最重要的 NO_2 排放源是内燃发动机、火力发电厂以及制浆厂。大气核试验也是二氧化氮的一个来源。这也是核爆时蘑菇云略带红色的缘故。这些过程都需要吸入大量的空气来帮助燃烧，从而将氮气引入到高温的燃烧反应中，最终产生了氮氧化物。因此，控制氮氧化物要求精细的控制为助燃而吸入的空气量。

　　二氧化氮对大气化学（比如对流层臭氧的形成）有影响。一项最近由美国加州大学圣地亚哥分校的研究者发表的结果显示空气中 NO_2 的浓度与婴儿猝死综合症有一定联系。

二氧化氮的分子结构，两边为氧，中间为氮

三、一氧化二氮（N₂O）

一氧化二氮是无色有甜味气体，又称笑气，是一种氧化剂，化学式为 N_2O，在一定条件下能支持燃烧，但在室温下稳定，有轻微麻醉作用，并能致人发笑，能溶于水、乙醇、乙醚及浓硫酸。其麻醉作用于 1799 年由英国化学家汉弗莱·戴维发现。该气体早期被用于牙科手术的麻醉。需要注意的是，一氧化二氮是一种强大的温室气体，它的效果是二氧化碳的 296 倍。

一氧化二氮的分子是直线型结构。其中一个氮原子与另一个氮原子相连，而第二个氮原子又与氧原子相连。应注意不要将一氧化二氮和其他的氮氧化物混淆，比如二氧化氮（NO_2）和一氧化氮（NO）。将一氧化二氮与沸腾汽化的碱金属反应可以生成一系列的亚硝酸盐，在高温下，一氧化二氮也可以氧化有机物。

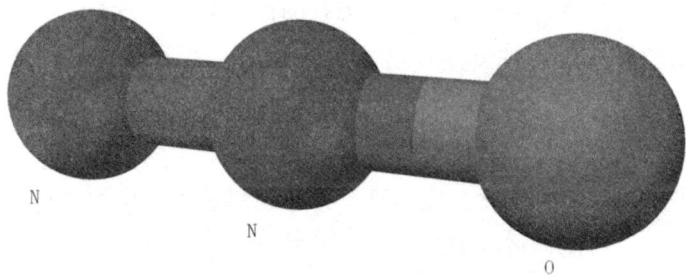

一氧化二氮的分子结构

笑气是约瑟夫·普利斯特里在 1772 年发现的。汉弗莱·戴维自己和他的朋友，包括诗人柯尔律治和罗伯特·骚塞在 16 世纪 90 年代试验了这种气体。他们不久意识到一氧化二氮能使病人丧失痛觉，而且吸入后仍然不会神志不清。因此它被用做麻醉剂，尤其对于通常没有得到麻醉师服务，而对口头命令能作出反应的病人往往能给工作带来方便的牙医师们，笑气更是备受青睐。

笑气可以加热加热硝酸铵可以生成：$NH_4NO_3 \longrightarrow N_2O + 2H_2O$。

这个反应需要控制温度于 $170\sim240°C$ 之间。快速加热或加热温度过高时，硝酸铵可能会爆炸性分解为氮气、氧气和水，从而造成危险。硝酸铵为农业肥料的成分之一，会慢慢的分解，产生一氧化二氮，而释放到大气中。

笑气可以送入改装车辆的引擎内，笑气遇热分解成氮气和氧气，可以提高引擎燃烧率，增加速度。其中氮气有制冷作用，冷却引擎。氧气有助燃作用，加快燃料燃烧。

笑气也存在一定的危险性。人有可能因为吸入笑气，而氧气过少时引起突然的窒息。而一氧化二氮作为一种有分解性的麻醉剂，通常是以加压液化的形式储存。在正常储存时，它是很稳定的，使用起来也很安全。但是如果错误地使用，它会很容易分解而且很有可能爆炸。液态的一氧化二氮是有机物的良好溶剂，不过用它制成溶液有可能会生成一些对外界刺激敏感的爆炸性物质。一部分火箭事故由于一氧化二氮被燃料污染而发生，少量的一氧化二氮和燃料的混合物发生爆炸，随即引起剩余一氧化二氮的爆炸性分解，因此，一氧化二氮的保存工作需要格外注意。

一氧化二氮也是一种温室气体。因此，氮氧化物是控制温室气体排放时的主要对象。一氧化二氮本身是排在二氧化碳、甲烷之后的第三大温室气体。它所能造成的温室效应的效果是二氧化碳的 296 倍。在自然条件下，一氧化二氮主要从土壤和海洋中排出。人类在耕作、生产、使用氮肥、生产尼龙还有燃烧化石燃料和其他有机物的过程中增加了一氧化二氮的排放量。

四、五氧化二氮 (N_2O_5)

五氧化二氮又称硝酐，是硝酸的酸酐。通常状态下呈无色柱状结晶体，均微溶于水，水溶液呈酸性。溶于热水时生成硝酸。可以用 P_2O_5 将浓 HNO_3 脱水得到。

五氧化二氮很容易潮解，而且在 $10°C$ 以上能分解生成毒气二氧化

氮及氧气，但在－10℃以下时较稳定。遇高温及易燃物品，会引起燃烧爆炸。由五氧化二氮引起的火灾，可使用水或泡沫进行扑灭。

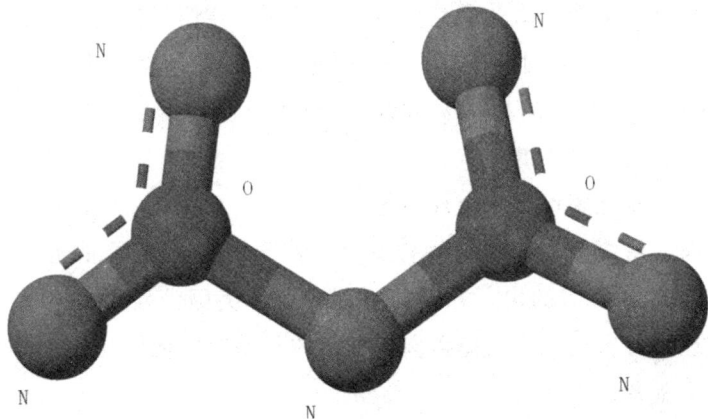

五氧化二氮的分子结构

五氧化二氮溶于热水生成硝酸：$N_2O_5 + H_2O \longrightarrow 2HNO_3$，故称为硝酸酐。

五氧化二氮可用五氧化二磷使硝酸脱水或用臭氧氧化二氧化氮制得：

$$2HNO_3 + P_2O_5 \longrightarrow N_2O_5 + 2HPO_3$$
$$2NO_2 + O_3 \longrightarrow N_2O_5 + O_2$$

五氧化二氮为强氧化剂，可使氮氧化为二氧化氮，能与很多有机化合物激烈作用。

第三节　氧与碳的化合物

一、一氧化碳（CO）

碳和氧气不充足燃烧时就生成一氧化碳：$2C + O_2 \xrightarrow{\text{（点燃）}} 2CO$。

最早制备一氧化碳的是法国化学家 De. Lassone。1776 年，他通过加热氧化锌和碳制得了一氧化碳。但由于一氧化碳燃烧时产生了与氢气类似的蓝色火焰，De. Lassone 错误地认为他制得的是氢气。在 1800 年英国化学家才证明一氧化碳是由碳元素和氧元素组成的化合物。

在 1846 年，法国的生理学家让狗吸入这种气体，发现狗的血液"变得比任何动脉中的血都要鲜红"。现在我们知道血液变成"樱桃红色"是一氧化碳中毒的症状。

由于一氧化碳可以使血液变得非常鲜红，一些肉品商人用一氧化碳处理鲜肉，可以使生肉不被氧化变色，甚至可以在 10℃的温度下保存28 天还如同新屠宰的肉，并因此引起非议。美国消费者协会认为即使这种处理没有害处，也会掩盖肉不新鲜的状态，即使肉品处于即将腐烂状态，消费者也不知情。

1. 物理性质

通常状况下，一氧化碳是无色、无臭、无味、难溶于水的气体，熔点－199℃，沸点－191.5℃。标准状况下气体密度为 1.25g/L，和空气密度为标准状况下 1.293g/L 相差很小，这也是容易发生煤气中毒的因

一氧化碳分子为极性分子，分子形状为直线形

素之一。它为中性气体。

2. 化学性质

一氧化碳分子中碳元素的化合价是＋2，可被氧化成＋4价，因此一氧化碳具有可燃性和还原性，能够在空气中或氧气中燃烧，生成二氧化碳：$2CO+O_2 = 2CO_2$。燃烧时发出蓝色的火焰，放出大量的热。因此一氧化碳可以作为气体燃料。

一氧化碳作为还原剂，高温时能将许多金属氧化物还原成金属单质，因此常用于金属的冶炼。如将黑色的氧化铜还原成红色的金属铜，将氧化锌还原成金属锌：

$$CO+CuO = Cu+CO_2$$
$$CO+ZnO = Zn+CO_2$$

在炼铁炉中可发生多步还原反应：

$$CO+3Fe_2O_3 = 2Fe_3O_4+CO_2$$
$$Fe_3O_4+CO = 3FeO+CO_2$$
$$FeO+CO = Fe+CO_2$$

化学方程式：$Fe_2O_3+3CO = 2Fe+3CO_2$

一氧化碳还有一个重要性质：在加热和加压的条件下，它能和一些金属单质发生反应，组成分子化合物。如 Ni（CO）$_4$（四羰基镍）、Fe（CO）$_5$（五羰基铁）等，这些物质都不稳定，加热时立即分解成相应的金属和一氧化碳，这是提纯金属和制得纯一氧化碳的方法之一。

在实验室一般使用浓硫酸在加热条件下催化草酸分解并用氢氧化钠除掉二氧化碳制得一氧化碳，具体反应如下：

$$COOH·COOH \xrightarrow{\Delta} CO2\uparrow+CO\uparrow+H_2O \ (H_2SO_4 催化)$$
$$2NaOH+CO_2 = Na_2CO_3+H_2O$$

3. 一氧化碳的危害

工业中会产生一氧化氮的作业很多。如冶金工业中炼焦、炼铁、锻冶、铸造和热处理的生产；化学工业中合成氨、丙酮、光气、甲醇的生产；矿井放炮、煤矿瓦斯爆炸事故；碳素石墨电极制造；内燃机试车都可能接触 CO。炸药或火药爆炸后的气体含 CO 约 30％～60％。使用柴油、汽油的内燃机废气中也含 CO 约 1％～8％。

一氧化氮中毒俗称煤气中毒。一氧化碳进入人体之后会和血液中的血红蛋白结合，进而使血红蛋白不能与氧气结合，从而引起机体组织出现缺氧，导致人体窒息死亡。因此一氧化碳具有毒性。由于一氧化碳是无色、无臭、无味的气体，所以人们容易忽略而致中毒。居家生活中，尤其是冬季取暖，应该格外小心使用煤气灶和炉子。

一氧化碳是大气中分布最广和数量最多的污染物，也是燃烧过程中生成的重要污染物之一。大气中的 CO 主要来源是内燃机排气，其次是锅炉中化石燃料的燃烧。CO 是不完全燃烧的产物。若能组织良好的燃烧过程，即具备充足的氧气、充分的混合，足够高的温度和较长的滞留时间，中间产物 CO 最终会燃烧完毕，生成 CO_2 或 H_2O。因此，控制 CO 的排放应是努力使之完全燃烧。

二、二氧化碳（CO_2）

二氧化碳是最常见的气体之一，所有含碳元素的物质燃烧都会产生二氧化碳；动植物的呼吸也会产生二氧化碳；各类食质的缓慢氧化能产生二氧化碳……因此，二氧化碳在我们的生活中扮演着非常重要的角色。

17 世纪初，比利时化学家海尔蒙特（1577～1644）在检测木炭燃烧和发酵过程的副产气时，发现二氧化碳。1757 年，英国化学家布拉克第一个应用定量的方法研究这种气体。1773 年，拉瓦锡把碳放在氧气中加热，得到被他称为"碳酸"的二氧化碳气体，测出质量组成为碳 23.5％～28.9％，氧 71.1％～76.5％。1823 年，法拉第发现，加压可以使二氧化碳气体液化。1834 年，德国的奇络列制得固态二氧化碳（干冰）。1884 年，在德国建成第一家生产液态二氧化碳的工厂。

在自然界中二氧化碳含量丰富，为大气组成的一部分。二氧化碳也包含在某些天然气或油田伴生气中以及碳酸盐形成的矿石中。大气里含

二氧化碳为 $0.03\%\sim0.04\%$（体积比），总量约 2.75×1012 吨，主要由含碳物质燃烧和动物的新陈代谢产生。在国民经济各部门，二氧化碳有着十分广泛的用途。二氧化碳产品主要是从合成氨制氢气过程气、发酵气、石灰窑气、酸中和气、乙烯氧化副反应气和烟道气等气体中提取和回收，目前，商用产品的纯度不低于 99%（体积）。

1. 物理性质

二氧化碳在常温下无色无味无臭的气体。在 $-78.5℃$（101 千帕）的温度下，气体二氧化碳将变成固体二氧化碳。固体二氧化碳俗称"干冰"，其含义是"外形似冰，溶化无水"，直接变成二氧化碳气体。二氧化碳（CO_2）是由一个碳原子和两个氧原子组成的，根据碳的四价原则和氧的二价原则来讲，一个二氧化碳分子里包含了两个碳氧双键，它的结构式是 $O＝C＝O$。从它的结构式可以看出，二氧化碳分子是一个线性分子，键角为 180 度。

在标准状况下，二氧化碳的密度是 $1.977g/L$，密度比空气密度大，能溶于水，且溶液显弱酸性反应。二氧化碳无毒，但不能供给动物呼吸，是一种窒息性气体。在空气中通常含量为 0.03%（体积），若含量

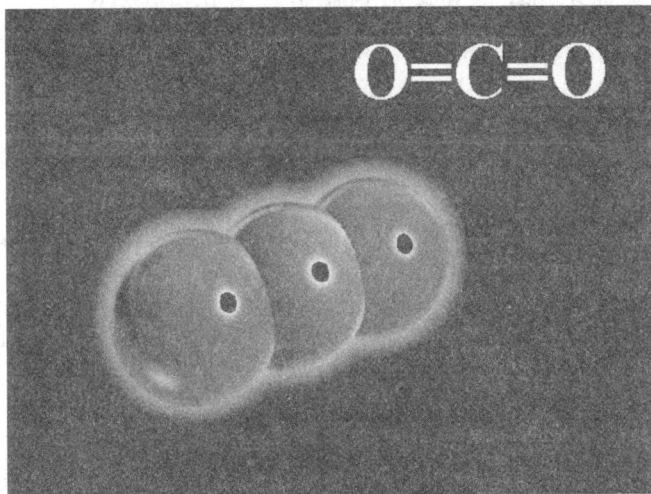

二氧化碳的分子结构

达到 10% 时，就会使人呼吸逐渐停止，最后窒息死亡。

2. 化学性质

二氧化碳并不燃烧，不支持燃烧，不供呼吸；CO_2 能溶于水并与水反应生成碳酸，使紫色石蕊试液变成红色：$CO_2 + H_2O = H_2CO_3$。CO_2 为酸性氧化物，易与碱性氧化物反应生成相应的碳酸盐：$CO_2 + Na_2O = Na_2CO_3$。CO_2 与碱反应生成相应的碳酸盐和水：$CO_2 + Ba(OH)_2 = BaCO_3 \downarrow + H_2O$。$CO_2$ 可使澄清的石灰水变浑浊，此反应常用于检验 CO_2 的存在：$CO_2 + Ca(OH)_2 = CaCO_3 \downarrow + H_2O$。$CO_2$ 与碱作用还可能生成酸式碳酸盐：$2CO_2 + Ca(OH)_2 = Ca(HCO_3)_2$；$CO_2 + NH_3 + HO = NH_4HCO_3$。$CO_2$ 中碳为 +4 价，可被某些强还原剂还原，如与赤热的炭作用还原成 CO，CO_2 与活泼金属作用被还原成碳：$CO_2 + C 2CO$；$CO_2 + 2Mg 2MgO + C$。CO_2 能参与绿色植物的光合作用，把 CO_2 和 H_2O 合成碳水化合物。

二氧化碳在大气中约占总体积的 0.03%，人呼出的气体中二氧化碳约占 4%。实验室中常用盐酸跟大理石反应制取二氧化碳，工业上用煅烧石灰石或酿酒的发酵气中来获得二氧化碳。

实验室通常用盐酸和碳酸钙制造二氧化碳：$2HCl + CaCO_3 = CaCl_2 + H_2CO_3$，由于碳酸很不稳定，容易分解：$H_2CO_3 = H_2O + CO_2 \uparrow$。

3. 二氧化碳的用途

二氧化碳的用途很多：

（1）利用二氧化碳不支持燃烧的特性，同时二氧化碳的密度又比空气的密度大，所以常用二氧化碳来灭火。

（2）固体的二氧化碳（干冰）在融化时直接变成气体，融化的过程中吸收热量，从而降低了周围的温度。所以，干冰经常被用来做制冷剂。

（3）人工降雨。在某些时候，用飞机在高空中喷洒干冰，可使空气中的水蒸气凝结，从而形成人工降雨。

（4）在化学工业上，二氧化碳是一种重要的原料，大量用于生产纯碱、小苏打、尿素、碳颜料铅白等。在轻工业上，用高压溶入较多的二氧化碳，可用来生产碳酸饮料、啤酒、汽水等。

（5）储藏食品。用二氧化碳贮藏的食品由于缺氧和二氧化碳本身的抑制作用，可有效地防止食品中细菌、霉菌、虫子生长，避免变质和有害健康的过氧化物产生，并能保鲜和维持食品原有的风味和营养成分。

4. 二氧化碳中毒

当人们在一些二氧化碳气体浓度较高的地方工作时，就容易发生二氧化碳中毒：长期不开放的各种矿井、油井、船舱底部及水道等；利用植物发酵制糖、酿酒、用玉米制造丙酮等生产过程；在不通风的地窖和密闭的仓库中储藏水果、谷物等产生的高浓度二氧化碳；灌装及使用二氧化碳灭火器；亚弧焊作业等。二氧化碳中毒主要表现为昏迷瞳孔放大或缩小、大小便失禁、呕吐等，更严重者甚至死亡。因此，如要进入含有高浓度二氧化碳的场所，应该先进行通风排气，通风管应该放到底层；或者戴上能供给新鲜空气或氧气的呼吸器，才能进入。

近年来，由于二氧化碳的增多，温室效应也愈加的明显。近100年，全球气温升高0.6℃，照这样下去，科学家预计到21世纪中叶，全球气温将升高1.5～4.5℃；另外，海平面升高，也是二氧化碳增多造成的，近100年，海平面上升14厘米，到21世纪中叶，海平面将会上升25～140厘米，海平面的上升，亚马孙雨林将会消失，两极海洋的冰块也将融化。所有这些变化对野生动物而言无异于灭顶之灾。因此，温室效应已经得到越来越多的重视，各国纷纷制定法律来减少二氧化碳的排放。

第四节　氧与硫的化合物

硫和氧的化合物简称硫的氧化物。通常硫有4种氧化物，即二氧化硫（SO_2）、三氧化硫（SO_3，硫酸酐）、三氧化二硫（S_2O_3）、一氧化硫

（SO）；此外还有两种过氧化物：七氧化二硫（S2O7）和四氧化硫（SO₄）。在大气中比较重要的是 SO_2 和 SO_3，其混合物用 SOx 表示。硫氧化物是全球硫循环中的重要化学物质。它与水滴、粉尘并存于大气中，由于颗粒物（包括液态的与固态的）中铁、锰等起催化氧化作用，而形成硫酸雾，严重时会发生煤烟型烟雾事件，如伦敦烟雾事件，或造成酸性降雨。SOx 是大气污染、环境酸化的主要污染物。化石燃料的燃烧和工业废气的排放物中均含有大量 SOx。目前采用燃料脱硫、排烟脱硫等技术来降低或消除硫氧化物（主要是 SO_2）的排放。也有用高烟囱扩散的方法，使排放源附近的 SOx 浓度降低，但这会污染远离污染源地区，故只是权宜之计。

一、二氧化硫（SO_2）

二氧化硫是最常见的硫氧化物。通常情况下，二氧化硫是无色气体，有强烈刺激性气味，也是大气主要污染物之一。火山爆发时会喷出二氧化硫，在许多工业过程中也会产生二氧化硫。由于煤和石油通常都含有硫化合物，因此燃烧时会生成二氧化硫。把 SO_2 进一步氧化，通常在催化剂如二氧化氮的存在下，便会生成硫酸——酸雨的成分之一。这就是对使用这些燃料作为能源的环境效果的担心的原因之一。

二氧化硫可以通过硫燃烧获得，也可以通过燃烧硫化氢和有机硫化合物来获得：焙烧硫化物矿物，例如黄铁矿、闪锌矿（硫化锌）和硃砂（硫化汞），也会释放出 SO_2。二氧化硫是制备硅酸钙水泥的副产物之一，在这个过程中，把 $CaSO_4$、焦炭与沙子共热：热的硫酸与铜屑反应，也会产生二氧化硫。

二氧化硫是酸性氧化物，具有酸性氧化物的通性。可以与水作用得到二氧化硫水溶液，即"亚硫酸"（中强酸），但真正的亚硫酸分子从未在溶液中观测到。二氧化硫与碱反应形成亚硫酸盐和亚硫酸氢盐。以与氢氧化钠的反应为例，产物是 Na_2SO_3 还是 $NaHSO_3$，取决于二者的用

量关系。

SO_2 中的硫元素的化合价为 +4 价，为中间价态，既可升高，也可下降。所以 SO_2 既有氧化性，又有还原性，但以还原性为主。SO_2 的还原性较强，可被多种氧化剂（如 O_2、Cl_2、Br_2、HNO_3、$KMnO_4$ 等）氧化。

二氧化硫的用途十分广泛。

二氧化硫是一个弯曲的分子

（1）由于二氧化硫的抗菌性质，它有时用做干杏和其他干果的防腐剂，用来保持水果的外表，并防止腐烂。

（2）酿酒。二氧化硫是酿酒时非常有用的化合物，它甚至在所谓的"无硫的"酒中也存在，浓度可达每升 10 毫克。它作为抗生素和抗氧化剂，防止酒遭到细菌的损坏和氧化。它也帮助把挥发性酸度保持在想要的程度。而酒的标签上常因此标有"含有亚硫酸盐"等字句。二氧化硫水和柠檬酸的混合物通常用来清洁水管、水槽和其他设备，以保持清洁和没有细菌。

（3）还原剂。在水的存在下，二氧化硫可以使物质褪色。是纸张和衣物的漂白剂，但是这个漂白作用通常不能持续很久。空气中的氧气把被还原的染料重新氧化，使颜色恢复。

（4）二氧化硫还用来制备硫酸，首先转化成三氧化硫，然后再转化成发烟硫酸，最后转化成硫酸。这个过程中的二氧化硫是含硫矿物与氧气反应产生的。

（5）制冷机剂。由于二氧化硫容易液化，且汽化热很大，因此适合作为制冷剂。在氟利昂的发展之前，二氧化硫就曾经用作家用冰箱的制冷剂。

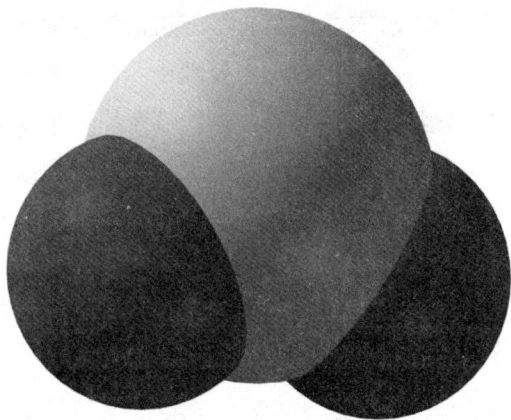

（6）液态二氧化硫是万用的惰性溶剂，广泛用于溶解强氧化性盐。

（7）在城市的污水处理中，二氧化硫用来处理排放前的氯化污水。二氧化硫与氯气反应，氯气被还原，生成 Cl^-。

二氧化硫具有酸性，可与空气中的其他物质反应，生成微小的亚硫酸盐和硫酸盐颗粒。当这些颗粒被吸入时，它们将聚集于肺部，是呼吸系统症状和疾病、呼吸困难，以及过早死亡的一个原因。如果与水混合，再与皮肤接触，便有可能发生冻伤。与眼睛接触时，会造成红肿和疼痛。

二、三氧化硫（SO_3）

三氧化硫又称硫酸酐，是硫的高价氧化物，硫酸工业的产品之一。三氧化硫在常压和室温下为无色液体，沸点44.8℃。在大气中强烈发烟，形成难以沉降的硫酸雾。与水发生异常剧烈的反应，生成硫酸，并伴有酸雾，同时释出大量热。三氧化硫溶解于100%硫酸中生成发烟硫酸。固态三氧化硫有熔点分别为16.86℃、30.4℃与62.2℃的三种形态，后两者为高分子量的三氧化硫聚合物，前者则为单分子体与三聚体的混合物。降低温度、存在微量水或硫酸时能促进液态三氧化硫的聚合。当熔化聚合态三氧化硫时，因在熔化前已产生较高蒸气压，有可能发生爆炸。故商品液态三氧化硫中，通常加有防止聚合的稳定剂，常用稳定剂有硼化合物、硫酸、二甲酯、四氯化碳等。

在接触法生产硫酸装

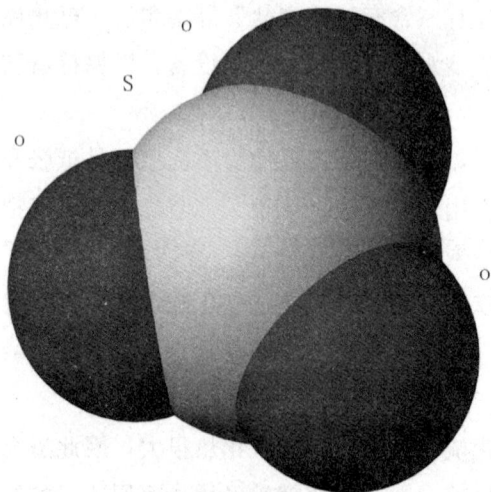

二氧化硫的分子结构

置的转化器中，通过二氧化硫的催化氧化，可制得含 7％～10％三氧化硫的气体。100％三氧化硫是采用蒸馏发烟硫酸的方法生产的。在硫酸厂中，含 25％～30％三氧化硫的发烟硫酸，经换热器预热后进入降膜蒸发器管内，管外用来自转化器的热气体加热，使三氧化硫蒸出。气态三氧化硫在管壳式冷凝器中以 30℃的水冷却，得液体三氧化硫产品（见图）。出降膜蒸发器的发烟硫酸，其三氧化硫含量下降为 20％～25％，冷却后返回硫酸装置，吸收三氧化硫至初始浓度，循环使用。

三氧化硫常作为一种强氧化剂、脱水剂和磺化剂。其主要用途是作为磺化剂，如用于生产合成洗涤剂、染料及其中间体等，也用于生产氯磺酸、氨基磺酸以及 65％发烟硫酸。液态三氧化硫属于最危险的化工产品之列，其贮运应严格按照危险品管理条例办理。由于液态三氧化硫与水接触即发生爆炸性反应，故其容器严禁用水洗涤。为防止贮存时液态三氧化硫结晶，贮槽与管道的温度应保持在 30℃以上。

第五节　氧与磷的化合物

一、三氧化二磷（P_4O_6）

磷在常温下慢慢氧化，或在不充分的空气中燃烧，均可生成 P 的氧化物 P_4O_6，常称做三氧化二磷。

$$P_4 + 3O_2 =\!\!= P_4O_6$$

P_4O_6 的生成可以看成是 P_4 分子中的 P－P 键因受到 O_2 分子的进攻而断开，在每个 P 原子间嵌入一个 O 原子而形成稠环分子。形成 P_4O_6 分子后，4 个 P 原子的相对位置（正四面体的角顶）并不发生变化。

由于三氧化二磷的分子具有似球状的结构而容易滑动，所以三氧化二磷是有滑腻感的白色吸潮性蜡状固体，熔点 23.8℃，沸点（在氮气氛中）173.8℃。

三氧化二磷有很强的毒性，溶于冷水中缓慢地生成亚磷酸，它是亚磷酸酐：

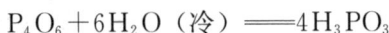

$$P_4O_6 + 6H_2O（冷）=== 4H_3PO_3$$

三氧化二磷在热水中歧化生成磷酸和放出磷化氢：

$$P_4O_6 + 6H_2O（热）=== PH_3\uparrow + 3H_3PO_4$$

三氧化二磷易溶于有机溶剂中。

二、五氧化二磷（P_4O_{10}）

磷在充分的氧气中燃烧，可以生成 P_4O_{10}，这个化合物常简称为五氧化二磷。其中 P 的氧化数为 +5：

$$P_4 + 5O_2 === P_4O_{10}$$

在 P_4O_6 的球状分子中，每个 P 原子上还有一对孤电子对，会受到 O_2 分子的进攻，生成 4 个 P＝O 双键，而形成 P_4O_{10} 的分子。

P_4O_{10} 分子结构模型

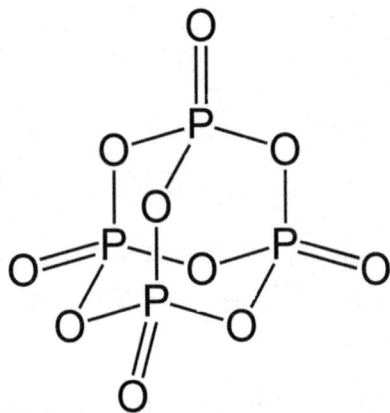

P_4O_{10} 模型示意图

五氧化二磷是白色粉末状固体，熔点 420℃，300℃ 时升华。它有很强的吸水性，在空气中很快就潮解，因此它是一种最强的干燥剂。五氧化二磷与水作用激烈，它吸水性强、并有极强的脱水性，甚至可以将浓硫酸脱水，生成三氧化硫。极易潮解，是一种强力干燥剂。它与冷水

生成偏磷酸，与热水主要生成正磷酸。

放出大量热，生成 P（V）的各种含氧酸，并不能立即转变成磷酸，只有在 HNO_3 存在下煮沸才能转变成磷酸：

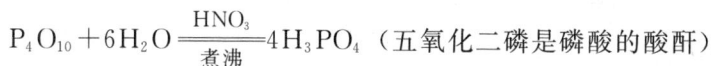

$$P_4O_{10} + 6H_2O \xrightarrow[\text{煮沸}]{HNO_3} 4H_3PO_4 \quad \text{（五氧化二磷是磷酸的酸酐）}$$

第六节　氢与氮的化合物

氮与氢的化合物成为氮的氢化物。氮的氢化物一般有：氨（NH_3）、联氨（N_2H_4）、叠氮酸（HN_3）。

一、氨（NH_3）

在众多氮的氢化物中最重要的就是氨气。

1. 物理性质

氨在通常的情况一下一般是无色气体，具特有的强烈刺激性气味。密度 0.771 克/升（标准状况），比空气轻。沸点 -33.35℃，高于同族氢化物 PH_3、AsH_3，易液化。熔点 -77.7℃。

液氨密度 0.7253 克/厘米³，气化热大，达 23.35 千焦/摩，是常用的制冷剂。极易溶于水，20℃时 1 体积水能溶解 702 体积 NH_3。通常把溶有氨的水溶液叫做氨水。

NH_3 在常温下很容易被加压液化，液氨是一个很好的溶剂，由于分子的极性和存在氢键，液氨在许多物理性质方面同水非常相似。

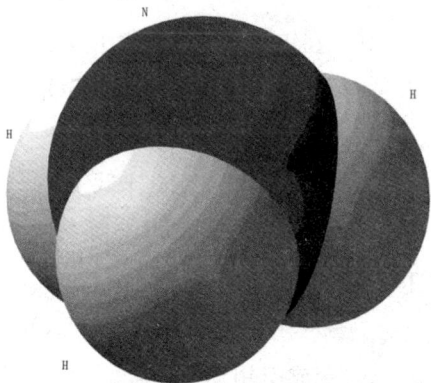

氨的分子结构模型图

液氨和水的物理性质

	NH_3	H_2O
熔点/K	195.26	273
沸点	239.58	373
熔解热/kJ·mol^{-1}	5.657	6.024
蒸发热/kJ·mol^{-1}	23.351	40.668
临界温度/K	405.9	647.0
临界压力/Pa	$1.14×10^7$	$2.21×10^7$
介电常数	26.7（−213K）	87.7（273K）
密度/g·cm^{-3}	0.7253	1.00
生成热（298K）/kJ·mol^{-1}	−46.11	−241.82
偶极距/C·m	$4.9×10^{-30}$	$6.1×10^{-30}$

2. 化学性质

（1）NH_3 遇 Cl_2、HCl 气体或浓盐酸有白烟产生。

（2）氨水可腐蚀许多金属，一般若用铁桶装氨水，铁桶应内涂沥青。

（3）氨的催化氧化是放热反应，产物是 NO，是工业制 HNO_3 的重要反应，NH_3 也可以被氧化成 N_2。

（4）NH_3 是能使湿润的红色石蕊试纸变蓝的气体。

（5）NH_3 在纯氧中燃烧，生成 N_2：

$$4NH_3+3O_2\longrightarrow 2N_2+6H_2O$$

（6）在铂催化下可氧化生成水与一氧化氮，是工业制硝酸的重要反应：

$$4NH_3+5O_2\longrightarrow 4NO+6H_2O$$

（7）可还原 CuO 为 Cu：

$$2NH_3+3CuO\longrightarrow N_2+3H_2O+3Cu$$

（8）常温下 NH_3 可与强氧化剂（如氯气、过氧化氢、高锰酸钾）直接反应：

$$2NH_3+3Cl_2\longrightarrow N_2+6HCl$$

3. 合成与用途

第一次世界大战以前大部分的氨都是以干馏含氮的蔬菜及动物的粪

便（如骆驼粪），并以氢作为还原剂以把亚硝酸及亚硝酸盐还原而制成。除此以外，氨亦可以煤的破坏蒸馏或从铵盐在氢氧化物（如氢氧化钙，即熟石灰）制得，所使用的铵盐普遍为氯化铵：

$$2NH_4Cl + 2CaO \longrightarrow CaCl_2 + Ca(OH)_2 + 2NH_3$$

现今的工厂大多使用哈伯法，在 200 大气压力和 500℃ 的环境，以氧化铁为催化剂，加热氮气和氢气：

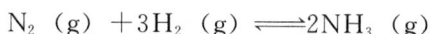

$$N_2(g) + 3H_2(g) \Longleftrightarrow 2NH_3(g)$$

这个反应是可逆的。

合成氨的原料氮气来自于空气（以液态空气的分馏取得），氢气来自于水和燃料。由于化石燃料短缺，制氨用的氢理论上可以用水的电解（现今 4% 的氢由电解制备）或热化裂解制得，但是从实际来说，这些方法并不适用。热裂解所需的热能可以从核能反应中取得，而风力发电、太阳能发电及水力发电产的过剩电能可以用来电解水制氢。现在为止，从空气及燃料制氨以外的替代方案是不经济的，而且这些方法对环保的作用仍未被确定。

氨的用途十分广泛，由于氨拥有非常刺鼻的气味，在救伤方面，会用少量易于挥发的氨作为令人清醒的吸入剂。氨还被用于生产制造硝酸玻璃、清洁剂、肥料、航空燃料。

二、联氨（N_2H_4）

联氨是无色油状液体，具有与氨相似的气味，毒性很大。化学式为 H_2NNH_2 或 N_2H_4。熔点 20℃，沸点 113.5℃，密度 1.004g/cm³（25℃），在空气中能吸收水分和二氧化碳气体，并会发烟。联氨和水能按任意比例互相混溶，形成稳定的水合联氨 $N_2H_4 \cdot H_2O$ 和含水 31% 的恒沸物，沸点 121℃。联氨也与乙醇互溶，但不溶于乙醚和苯。联氨的介电常数很高，液态肼的盐溶液能导电。联氨是强还原剂，在碱性溶液中能将银、镍等金属离子还原成金属，可用于镜面镀银，在塑料和玻璃上镀金属膜。联氨可由次氯酸钠和尿素或氨的反应制取，用于合成异烟肼、呋喃西林、百生肼等药物。偏二甲肼（CH₃）、2NNH₂可做火箭燃料。联氨能使锅炉内壁的铁锈变成磁性氯化铁层，可减缓锅炉锈蚀。

三、叠氮酸（HN₃）

叠氮酸的化学式为 HN₃，1890 年首先由 Theodor Curtius 单离出来。在常温常压下为一种无色、具挥发性、有刺激臭、高爆炸性的液体。叠氮酸主要用于保存贮存溶液，以及作为一种试剂。

叠氮酸可溶于水，且其溶液可溶解许多金属（如锌、铁），放出氢气并形成叠氮化物的盐类。其所有的盐类皆具爆炸性，并极易与碘化烃反应。叠氮酸是一种弱酸，它的某些性质类似氢卤酸，如与铅、银、亚汞离子形成难溶于水的盐类。金属盐在无水形式下皆可形成结晶，并受热分解，产生纯金属的残渣。叠氮酸是易爆物质，受到撞击立即爆炸、分解：

$$2HN_3 = 3N_2 + H_2$$

叠氮酸通常由叠氮化物如叠氮化钠等盐类酸化产生。一般情况下，叠氮化钠的水溶液含有极少量叠氮酸，与叠氮酸盐形成平衡，加入强酸后则大部分转化为叠氮酸。再由分馏法即可制得纯品。联氨被亚硝酸氧化时也可生成氢叠氮酸 HN₃：

$$N_2H_4 + HNO_2 \longrightarrow 2H_2O + HN_3$$

叠氮酸具挥发性且有剧毒，毒性接近氰化氢，会对皮肤与黏膜造成严重刺激。其具有呛鼻的气味，蒸气能引发强烈的头痛。因此处理叠氮酸时应格外小心。

叠氮酸用于有机合成及制造其他叠氮化物，也用于制造雷管。

第七节　氢与碳的化合物

碳氢化合物属于有机化合物，又称为烃。人们将仅有碳氢两种元素组成的有机化合物称为烃。

一、甲烷 CH₄

甲烷的化学式 CH_4。在标准状态下是一无色气体。一些有机物在缺氧情况下分解时所产生的沼气其实就是甲烷。甲烷是天然气的最主要成分，是一种很重要的燃料。同时它也是一种温室气体，它的暖化能力比二氧化碳高 22 倍。

甲烷主要来源于有机废物的分解、天然源头（如沼泽）、化石燃料、动物的消化过程、稻田之中的细菌和生物物质缺氧加热或燃烧。而世界80％甲烷的产生皆来自人为活动（主要是畜牧业）。在过去 200 年，地球大气中的甲烷浓度升高了一倍多。

甲烷在天然气中约占 87％。在一般情况下，甲烷为无色、无味的气体；家用天然气的特殊味道，是为了安全而添加的人工气味，通常是使用甲硫醇或乙硫醇。在一个大气压力的环境中，甲烷的沸点是－161℃。空气中的瓦斯含量只要超过 5％～15％就十分易燃。液化的甲烷不会燃烧，除非在高压的环境中（通常是 4～5 个大气压力）。

由于甲烷具有高度的易燃性，所以和空气混合时可能会造成爆炸。甲烷和氧化剂、卤素或部分含卤素之化合物接触会有极为猛烈的反应。

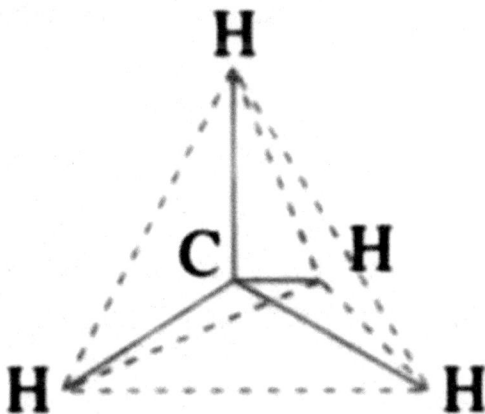

甲烷同时也是一种窒息剂，在密闭空间内可能会取代氧气。若氧气被甲烷取代后含量低于 19.5％时可能导致窒息。当有建筑物位于垃圾掩埋场附近时，甲烷可能会渗透入建筑物内部，让建筑物内的居民暴露在高含量的甲烷之中。某些建筑物在地下室设有特别的回复系统，会主动

甲烷分子结构示意图

捕捉甲烷，并将之排出至建筑物外。

甲烷与氧气燃烧生成二氧化碳和水：$CH_4 + 2O_2 \rightarrow CO_2 + 2H_2O$。甲烷能与卤素发生化学反应，当甲烷与氯在黑暗中混合时，两者不会产生化学反应，如果把混合物加热或以紫外光照射，以下反应（取代反应）会发生：

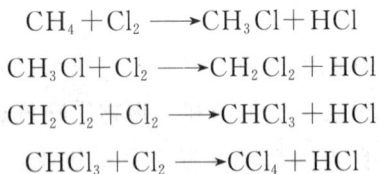

$$CH_4 + Cl_2 \longrightarrow CH_3Cl + HCl$$

$$CH_3Cl + Cl_2 \longrightarrow CH_2Cl_2 + HCl$$

$$CH_2Cl_2 + Cl_2 \longrightarrow CHCl_3 + HCl$$

$$CHCl_3 + Cl_2 \longrightarrow CCl_4 + HCl$$

反应的产物含有此四种氯化甲烷，四者的比例视甲烷与氯的比例。

甲烷可与溴也产生类似反应。甲烷与氟的反应十分猛烈，如果先用稀有气体稀释两者才在特定的仪器内进行反应，也可得出类似反应。甲烷与碘不会直接产生反应。

甲烷除了是天然气的主要成分，还是生产一系列化工产品的重要原料。现代的天然气化工，其主要内容就是甲烷的化工利用。甲烷经蒸汽转化可制得合成气；经热裂解可生产乙炔或炭黑；经氯化可制得甲烷氯化物；经硫化可制得二硫化碳；经硝化可制得硝基烷烃；加氨氧化可制得氢氰酸；直接催化氧化可得甲醛。

二、乙烷（CH_3CH_3）

1. 物理性质

乙烷的分子式为CH_3CH_3。在通常情况下，是五色无臭的气体。熔点为$-183.3℃$，沸点为$-88℃$

乙烷不溶于水，微溶于乙醇、丙酮，溶于苯。乙烷在某些天然气中的含量为$5\% \sim 10\%$，仅次于甲烷；并以溶解状态存在于石油中。

2. 化学性质

乙烷的在高温下分解为乙烯和氢：

$$CH_3CH_3 \xrightarrow{\Delta} CH_2 = CH_2 + H_2$$

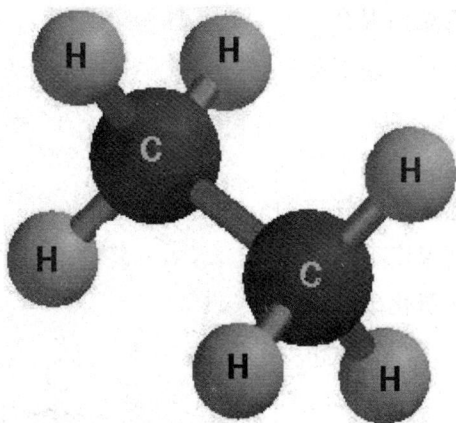

乙烷的分子结构图

在不同条件下加热氯化，可得到氯乙烷、1，1－二氯乙烷或1，1，1－三氯乙烷：

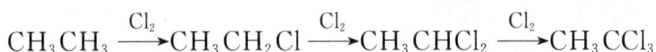

$$CH_3CH_3 \xrightarrow{Cl_2} CH_3CH_2Cl \xrightarrow{Cl_2} CH_3CHCl_2 \xrightarrow{Cl_2} CH_3CCl_3$$

与硝酸在气相反应，生成硝基乙烷和硝基甲烷：

$$CH_3CH_3 + HNO_3 \xrightarrow{\Delta} CH_3CH_2NO_2 + CH_3NO_2$$

乙烷的主要用于制乙烯、氯乙烯、氯乙烷、冷冻剂等。乙烷浓度在50％以下时，无任何毒作用，高浓度时，由于能置换空气而致缺氧，引起单纯性窒息。空气中浓度大于6％时，人可出现眩晕轻度恶心轻度麻醉和惊厥等缺氧症状。

乙烷也是易燃气体，与空气混合能形成爆炸性混合物，遇热源和明火有燃烧爆炸的危险。

三、丙烷（C_3H_8）

丙烷的分子式为C_3H_8，分子量为44.10。丙烷为无色气体，无臭。熔点为$-187.6℃$，沸点为$-42.1℃$，微溶于水，溶于乙醇、乙醚。丙醇用于有机合成。可作生产乙烯和丙烯的原料或炼油工业中的溶剂；丙烷、丁烷和少量乙烷的混合物液化后可用做民用燃料，即液化石油气。

丙烷在低温下容易与水生成固态水合物，引起天然气管道的堵塞。丙烷在较高温度下与过量氯气作用，生成四氯化碳和四氯乙烯 $Cl_2C =\!=\!= CCl_2$；在气相与硝酸作用，生成 1－硝基丙烷 $CH_3CH_2CH_2NO_2$、2－硝基丙烷（CH_3）$2CHNO_2$、硝基乙烷 $CH_3CH_2NO_2$ 和硝基甲烷 CH_3NO_2 的混合物。上述丙烷可从油田气和裂化气中分离得到。

丙烷的分子结构模型

在空气中燃烧化学方程式：

$$C_3H_8 + 5O_2 =\!=\!= 3CO_2 + 4H_2O$$

丙烷有单纯性窒息及麻醉作用。人短暂接触 1％丙烷，不引起症状；10％以下的浓度，只引起轻度头晕；接触高浓度时可出现麻醉状态、意识丧失；极高浓度时可致窒息。

丙烷为易燃气体。与空气混合能形成爆炸性混合物，遇热源和明火有燃烧爆炸的危险。与氧化剂接触猛烈反应。气体比空气重，能在较低处扩散到相当远的地方，遇火源会着火回燃。

北京奥运会的火炬点燃就是使用的丙烷气体。这是因为火炬的燃料温度至 20℃时，燃料罐内的丙烷燃料会产生 10 个左右大气压的压力，而结实的"祥云"的燃料罐可以承受 150 个大气压。因此，完全不必担心火炬燃料因压力过大产生外泄。当外界温度低至－20℃时，丙烷燃料产生的大气压仅为 2 个，在如此低的大气压下，如何保证火炬的能源供给源源不断呢？稳压阀和回热管将解决这一问题。

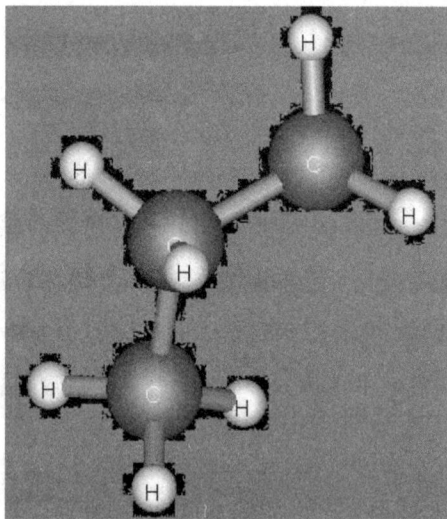

以往的奥运会火炬采用的是混合燃料，需要配备保温车以保持燃料的温度和产生的压力，北京 2008 奥运会火炬使用回热管，将火炬燃烧所产生的热量用以加热燃料。这样，燃料罐不用借助外部加热装置的帮忙，就能使燃料产生足够的压力，支持火炬熊熊燃烧。

丙烷作为燃料，符合环保要求，这是一种价格低廉的常用燃料。丙烷燃烧生成 CO_2 和 H_2O（$C_3H_8 + 5O_2 \xrightarrow{\quad} 3CO_2 + 4H_2O$）。北京奥运会火炬选择了丙烷。丙烷燃烧后主要产生水蒸气和二氧化碳，不会对环境造成污染。更重要的是，丙烷可以适应比较宽的温度范围，在 $-40℃$ 时仍能产生 1 个以上饱和蒸气压，高于外界大气压，形成燃烧；而且，丙烷产生的火焰呈亮黄色，火炬手跑动时，动态飘动的火焰在不同背景下都比较醒目。

第八节　氢与硫的化合物

硫化氢（H_2S）

硫化氢的化学式为 H_2S，属于无机化合物。一般情况下是一种无色、易燃的酸性气体，浓度低时带恶臭，气味如臭蛋；浓度高时反而没有气味（因为高浓度的硫化氢可以麻痹嗅觉神经）。硫化氢分子量 34.08，相对密度 1.19，熔点为 $-82.9℃$，沸点为 $-61.8℃$。易溶于水，亦溶于醇类、石油溶剂和原油中。可燃上限为 45.5％，

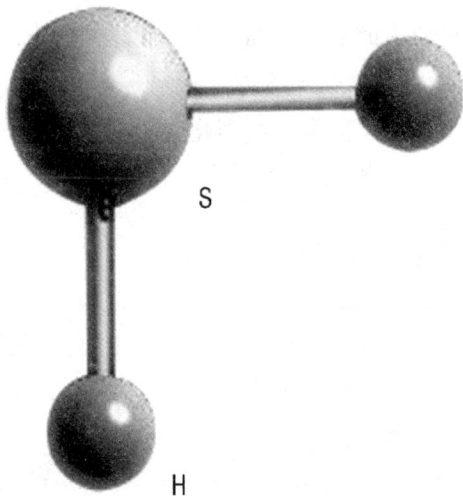

硫化氢的分子结构模型

下限为 4.3％，燃点 292℃。它是一种急性剧毒，吸入少量高浓度硫化氢可于短时间内致命。低浓度的硫化氢对眼、呼吸系统及中枢神经都有影响。硫化氢自然存在于原油、天然气、火山气体和温泉之中。它也可以在细菌分解有机物的过程中产生。硫化氢是酸性的，它与碱及一些金属（如银）有化学反应。

硫化氢自然存在于原油、天然气、火山气体和温泉之中。它也可以在细菌分解有机物的过程中产生。

硫化氢是酸性的，它与碱及一些金属（如银）有化学反应。例如：硫化氢和银接触后，会产生黑褐色的硫化银：

$$H_2S + 2Ag \longrightarrow Ag_2S + H_2 \uparrow$$

硫化氢可以用于工业上制造高纯度硫黄（与二氧化硫反应）；含有硫化氢的温泉对皮肤病有一定疗效。

第九节　氢与磷的化合物

氢与磷的化合物主要是磷化氢，它是一种无色、高毒、易燃的储存于钢瓶内的液化压缩气体，化学式为 PH_3，有类似臭鱼的味道，相对密度 1.17。熔点 $-133℃$。沸点 $-87.7℃$。自燃点 $100\sim150℃$。磷化氢能与氧气、卤素发生剧烈化合反应。通过灼热金属块生成磷化物，放出氢气。还能与铜、银、金及其盐类反应。

PH_3 的分子结构模型图

第六章 常见的酸类和碱类

第一节 硝酸（HNO₃）

硝酸是一种重要的强酸。常见的强酸有：盐酸、硫酸、硝酸、高氯酸、硒酸、氢溴酸、氢碘酸、氯酸等。其中，硫酸、盐酸和硝酸被称为三大强酸。硝酸的特点是具有强氧化性和腐蚀性。除了金、铂、钛、铌、钽、钌、铑、锇、铱以外，其他金属都能被它溶解。通常情况下，人们把 69％以上的硝酸溶液称为浓硝酸，把 98％以上的硝酸溶液称为发烟硝酸。

一、硝酸的性质

1. 物理性质

硝酸又叫硝镪水，化学式为 HNO_3，相对分子量 63.01，熔点是 $-42℃$，沸点是 83℃（纯酸）。纯硝酸是无色发烟液体，易分解出二氧化氮和氧气，因而呈红棕色。一般商品带有微黄色，发烟硝酸是红褐色液体。具有刺激性，易溶于水。

2. 化学性质

硝酸和硫酸一样是由公元 8 世纪阿拉伯炼金术士阿布·穆萨·贾比尔·伊本·哈杨在干馏绿矾和硝石混合物时发现的。

自然界中，雷雨中存在少量的硝酸，打雷时放出的能量让空气中的

N_2 和 O_2 发生反应，产生 NO 和 NO_2：

$$N_2 + O_2 \longrightarrow 2NO（条件为火花放电）$$

$$2NO + O_2 \longrightarrow 2NO_2$$

综合起来就是：

$$N_2 + 2O_2 \longrightarrow 2NO_2（火花放电）$$

NO_2 和水反应生成硝酸：

$$3NO_2 + H_2O \longrightarrow 2HNO_3 + NO$$

有些海鞘（Cionaintestinalis）也能分泌硝酸御敌。

硝酸作为氮的最高价（+5）水化物，具有很强的酸性，一般情况下认为硝酸的水溶液是完全电离的。硝酸可以与醇发生酯化反应，如硝化甘油的制备。只有在与浓硫酸混合时，硝酸才能产生大量 $NO_2{}^+$，这是硝化反应能进行的本质。

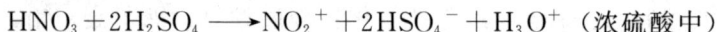

$$HNO_3 + H_2O \longrightarrow H_3O^+ + NO^{3-}（水中）$$

$$HNO_3 + 2H_2SO_4 \longrightarrow NO_2{}^+ + 2HSO_4{}^- + H_3O^+（浓硫酸中）$$

硝酸的水溶液无论浓稀均具强氧化性及腐蚀性，溶液越浓其氧化性越强。硝酸在光照条件下分解成 H_2O、NO_2 和 O_2，因此硝酸一定要盛放在棕色瓶中，并置于阴凉处保存。硝酸能溶解许多种金属（可以溶解银），生成盐、水、氮氧化物。随着溶液浓度的减小，其还原产物逐渐由高价向低价过渡，从最浓到最稀可生成 NO_2、NO、N_2O、N_2、NH_4NO_3。还原产物一般是混合物，金属与浓硝酸反应多生成 NO_2，与稀硝酸反应下生成如 NO 等较低价化合物，只有很稀的冷硝酸才会与金属镁、锰及钙反应生成氢气，其他金属在一般情况下不会与硝酸反应生成氢气。

铁等金属遇冷的浓硝酸可以发生钝化现象，只在表面形成一层致密的氧化膜，不会完全反应掉。浓硝酸和浓盐酸的物质的量按 1∶3 混合，即为王水，能溶解金等稳定金属。

硝酸盐大多易热分解，生成氨气、氮氧化物、金属氧化物（也能生成硝酸盐或金属单质，视金属的稳定性而定）。硝酸铵（NH_4NO_3）加热或撞击分解生成一氧化二氮和水，因此被用于国防工业及工程上（硝酸钾就是黑火药的成分之一）。

硝酸具有强氧化性，在常温下能与除金、铂、钛、钌、铑、锇、铱、铌、钽以外的所有金属反应，生成相应的硝酸盐，无论是浓硝酸还是稀硝酸在常温下都能与铜发生反应，这是盐酸与硫酸无法达到的。但浓硝酸在常温下会与铁、铝发生钝化反应，使金属表面生成一层致密的氧化物薄膜，阻止硝酸继续氧化金属。浓硝酸与金属反应，一部分硝酸分子被还原为二氧化氮；稀硝酸与金属反应，一部分硝酸分子会被还原为一氧化氮。同时生成的还原氢再次被氮元素氧化成水。而另一部分硝酸分子将被氧化的金属酸化生成硝酸盐和水。注意，当被氧化物的电位势与硝酸还原成二氧化氮的电位势相近或高于时硝酸无论浓稀一律生成一氧化氮（如果能反应的话）。

硝酸与金属反应的特点：

（1）硝酸与金属反应时，一般没有 H_2 产生；因为它氧化能力极强，会先将金属氧化，自身还原为 NO、NO_2，再与金属氧化物反应成盐。

（2）与 Cu、Ag 等不活泼金属反应时，浓硝酸的还原产物为 NO_2，稀硝酸的还原产物为 NO；

（3）活泼金属与稀硝酸反应时可将稀硝酸还原为 N_2O、N_2、NH_3 等；

（4）常温下，Fe、Al、Be 在浓硝酸中钝化。浓硝酸与浓盐酸以物质的量之比为 1∶3 的比例混合可产生能溶解铂和金的强酸——王水，65％以上浓硝酸和非金属反应会生成相应的酸和二氧化氮，如：

$$S+2HNO_3（浓）=\!=\!=H_2SO_4+NO_2\uparrow$$

$$P+3HNO_3（浓）=\!=\!=H_3PO_4+NO_2\uparrow$$

所生成酸的浓度可由摩尔体积查得：65％硝酸为 14.57 摩尔/升对应生成硫酸浓度约为 81.63％。硝酸与氨作用生成硝酸铵，它也是一种化肥，含氮量比硫酸铵高，对于各种土壤都有较高的肥效，硝酸铵在气候比较潮湿时容易结块，使用时不太方便，有些人看到硝酸铵结块后，就用铁锤来砸碎，这是万万做不得的事情，因为硝酸铵受到冲击就可能发生爆炸。

硝酸溅于皮肤能引起烧伤，并染成黄色斑点。发烟硝酸是红褐色液体，在空气中猛烈发烟并吸收水分，不稳定，遇光或热分解放出二氧化氮，其水溶液具有导电性。浓硝酸是强氧化剂，能使铝钝化，与许多金属能剧烈反应。浓硝酸和有机物、木屑等相混能引起燃烧，腐蚀性很强，能灼伤皮肤，也能损害粘膜和呼吸道，与蛋白质接触，即生成一种鲜明的黄蛋白酸黄色物质。

炸药和硝酸有密切的关系。最早出现的炸药是黑火药，它的成分中含有硝酸钠（或硝酸钾）。后来，由棉花与浓硝酸和浓硫酸发生反应，生成的硝酸纤维素是比黑火药强得多的炸药。

二、硝酸的制备

工业上用二氧化氮与水混合制备硝酸，当二氧化氮溶于水时会与水反应生成硝酸：

$3NO_2 + H_2O = 2HNO_3 + NO$ （实质是先生成亚硝酸，亚硝酸分解为 NO）

$4NO_2 + 2H_2O + O_2 = 4HNO_3$

但二氧化氮溶于水后并不会完全反应，所以会有少量二氧化氮分子存在，为红棕色，因此硝酸溶液会呈现红棕色或黄色。对于其氧化性而言，如果硝酸越稀，则氧化产物中的氮的化合价越低。

三、硝酸的用途

硝酸是在工业上和实验室中都很常用的一种酸。

作为硝酸盐和硝酸酯的必需原料，硝酸被用来制取一系列硝酸盐类氮肥，如硝酸铵、硝酸钾等；也用来制取硝酸酯类或含硝基的炸药，如三硝基甲苯（TNT）、硝化甘油。

由于它同时具有氧化性和酸性，硝酸也被用来精炼金属：即先把不纯的金属氧化成硝酸盐，排除杂质后再还原。硝酸能使铁钝化而不致继续被腐蚀。可供制氮肥、王水、硝酸盐、硝化甘油、硝化纤维素、硝基苯、TNT、苦味酸等。把甘油放在浓硝酸和浓硫酸中，生成硝化甘油，这是一种无色或黄色的透明油状液体，是一种很不稳定的物质，受到撞击会发生分解，产生高温，同时生成大量气体，气体体积骤然膨胀，产生猛烈爆炸，所以硝化甘油是一种烈性炸药。

军事上用得比较多的是三硝基甲苯（英文 TNT 的译音）炸药。它是由甲苯与浓硝酸和浓硫酸反应制得的，是一种黄色片状物，具有爆炸威力大、药性稳定、吸湿性小等优点，常用做炮弹、手榴弹、地雷和鱼雷等的炸药，也可用于采矿等爆破作业。

硝酸具有强氧化性，当皮肤不慎接触硝酸后，应马上用大量清水冲洗，再用 0.01％苏打水（或稀氨水）浸泡。若误食后，用牛奶或蛋清催吐。

四、硝酸与第一次世界大战

硝酸不仅是工业的重要原料，还是制造炸药的重要物资。最初制造硝酸方法是普通硝石法，即用硝石与硫酸反应，来制取硝酸的，但是硝石的贮量有限，因此硝酸的产量也受到限制。

早在 1913 年第一次世界大战前夕，人们发现德国发动世界大战的可能，便开始限制德国进口硝石，以为这样就不会爆发世界性的战争。但是在 1914 年德国还是发动了第一次世界大战，人们又错误地估计，战争最多会持续半年，原因是德国的硝酸不足，火药生产受到了限制。但是第一次世界大战却打了四个多年头，给世界造成了极大的灾难，夺去了无数人的生命和财产。德国为什么能坚持这么久的战争呢？是什么力量在支持着它呢？这就是化学，德国人早就对合成硝酸进行了研究。

1908 年，德国化学家哈柏首先在实验室用氢和氮气在 600℃200 个大气压下合成了氨，产率虽只有 2％，但却是一项重大的突破。后来由布什提高了产率，完成了工业化设计，建立了年产 1000 吨氨的生产装置。用氨氧化法可生产 3000 吨硝酸，利用这些硝酸可制造 3500 吨烈性炸药 TNT。这项工作已在大战前的 1913 年便完成了，这就揭开了第一次世界大战中的一个谜。

第二节　硫酸（H_2SO_4）

一、浓硫酸

1. 物理性质

硫酸是化学三大无机强酸（硫酸、硝酸、盐酸）之一。硫酸的化学式为 H_2SO_4，分子相对质量为 98.08，结构式为

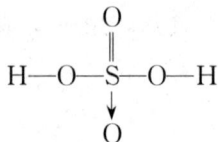

$$H-O-\overset{\overset{O}{\|}}{\underset{\underset{O}{\downarrow}}{S}}-O-H$$

纯硫酸是一种无色无味油状液体。常用的浓硫酸中 H_2SO_4 的浓度为 98.3％，其密度为 $1.84g/cm^3$，其物质的量浓度为 18.4mol/L。硫酸是一种高沸点难挥发的强酸，易溶于水，能以任意比与水混溶。硫酸是基本化学工业中重要产品之一。它不仅作为许多化工产品的原料，而且还广泛地应用于其他的国民经济部门，它的应用范围日益扩大，需要数量日益增加。浓硫酸溶解时放出大量的热，因此浓硫酸稀释时应该遵循"酸入水，沿器壁，慢慢倒，不断搅。"若将浓硫酸中继续通入三氧化硫，则会产生"发烟"现象，这样超过 98.3％ 的硫酸称为"发烟硫酸"

2. 化学性质

（1）吸水性

将一瓶浓硫酸敞口放置在空气中，其质量将增加，密度将减小，浓度降低，体积变大，这是因为浓硫酸具有吸水性。需要指出的是吸水性是浓硫酸的性质，不是稀硫酸的性质。浓硫酸的吸水作用，指的是浓硫酸分子跟水分子强烈结合，生成一系列稳定的水合物，并放出大量的

热：$H_2SO_4 + nH_2O == H_2SO_4 \cdot nH_2O$，故浓硫酸吸水的过程是化学变化的过程，吸水性是浓硫酸的化学性质。浓硫酸不仅能吸收一般的游离态水（如空气中的水），而且还能吸收某些结晶水合物（如 $CuSOJ_4 \cdot 5H_2O$、$Na_2CO_3 \cdot 10H_2O$）中的水。

（2）脱水性

脱水性也是浓硫酸的性质，不是稀硫酸的性质。物质被浓硫酸脱水的过程是化学变化的过程，反应时，浓硫酸按水分子中氢氧原子数的比（2∶1）夺取被脱水物中的氢原子和氧原子。可被浓硫酸脱水的物质一般为含氢、氧元素的有机物，其中蔗糖、木屑、纸屑和棉花等物质中的有机物，被脱水后生成了黑色的炭（碳化）。

（3）强氧化性

浓硫酸在常温或加热时能跟金属反应。

①常温下，浓硫酸能使铁、铝等金属钝化。

②加热时，浓硫酸可以与除金、铂之外的所有金属反应，生成高价金属硫酸盐，本身一般被还原成 SO_2：

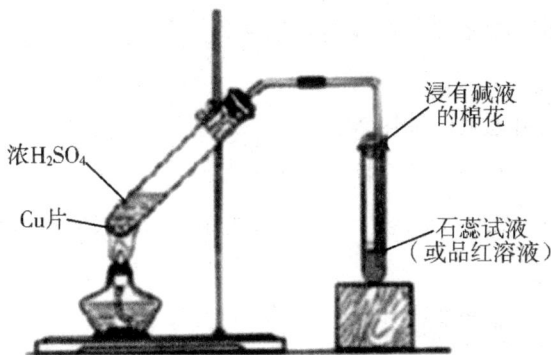

$$Cu + 2H_2SO_4 （浓） == CuSO_4 + SO_3 \uparrow + 2H_2O$$

浓 H_2SO_4
Cu片
浸有碱液的棉花
石蕊试液（或品红溶液）

浓硫酸与铜的反应

$$2Fe + 6H_2SO_4 （浓） == Fe_2（SO_4）3 + 3SO_3 \uparrow + 6H_2O$$

在上述反应中，硫酸表现出了强氧化性和酸性。

探索化学的奥秘 TANSUO HUAXUE DE AOMI

热的浓硫酸能跟非金属反应，可将碳、硫、磷等非金属单质氧化到其高价态的氧化物或含氧酸，本身被还原为 SO_2。在这类反应中，浓硫酸只表现出氧化性：

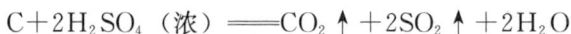

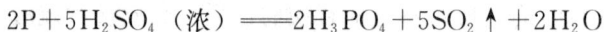

$$C+2H_2SO_4（浓）\!=\!=\!=\!CO_2\uparrow+2SO_2\uparrow+2H_2O$$

$$S+2H_2SO_4（浓）\!=\!=\!=\!3SO_2\uparrow+2H_2O$$

$$2P+5H_2SO_4（浓）\!=\!=\!=\!2H_3PO_4+5SO_2\uparrow+2H_2O$$

浓硫酸还跟其他还原性物质反应，具有强氧化性，实验室制取 H_2S、HBr、HI 等还原性气体不能选用浓硫酸：

$$H_2S+H_2SO_4（浓）\!=\!=\!=\!S\downarrow+SO_2\uparrow+2H_2O$$

$$2HBr+H_2SO_4（浓）\!=\!=\!=\!Br_2\uparrow+SO_2\uparrow+2H_2O$$

$$2HI+H_2SO_4（浓）\!=\!=\!=\!I_2\uparrow+SO_2\uparrow+2H_2O$$

（4）难挥发性（高沸点）

利用浓硫酸的难挥发性制易挥发性酸如制氯化氢、硝酸等，用固体氯化钠与浓硫酸反应制取氯化氢气体：

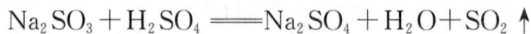

$$2NaCl（固）+H_2SO_4\!=\!=\!=\!（浓）Na_2SO_4+2HCl\uparrow$$

$$Na_2SO_3+H_2SO_4\!=\!=\!=\!Na_2SO_4+H_2O+SO_2\uparrow$$

再如，利用浓盐酸与浓硫酸可以制氯化氢气。

（5）酸性

制化肥，如氮肥、磷肥等：

$$2NH_3+H_2SO_4\!=\!=\!=\!（NH_4）2SO_4$$

$$Ca_3（PO_3）2+2H_2SO_4\!=\!=\!=\!2CaSO_4+Ca（H_2PO_4）$$

（6）稳定性

浓硫酸与亚硫酸盐反应：

$$Na_2SO_3+H_2SO_4\!=\!=\!=\!Na_2SO_4+H_2O+SO_2\uparrow$$

二、稀硫酸

稀硫酸是无色无臭透明液体，密度1.84，沸点290℃。

稀硫酸可与多数金属（比铜活泼）氧化物反应，生成相应的硫酸盐

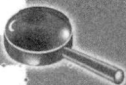

和水；可与所含酸根离子氧化性比硫酸根离子弱的盐反应，生成相应的硫酸盐和弱酸；可与碱反应生成相应的硫酸盐和水；可与位于氢之前金属在一定条件下反应，生成相应的硫酸盐和氢气；加热条件下可催化蛋白质、双糖和多糖的水解。

硫酸能与水或三氧化硫以任何比例混合，生成各种浓度的硫酸或发烟硫酸。稀硫酸能与活泼元素排列表位于氢之前的金属作用，生成相应的硫酸盐或酸式硫酸盐并析出氢气。热浓硫酸具有氧化性，能与电动序中位于氢之后的某些金属如铜、银发生反应，本身被还原成二氧化硫，并生成相应的硫酸盐。浓硫酸又具有磺化性和强烈的吸水性。硫酸能分解大多数盐类。

三、硫酸的制备

工业上通常都用二氧化硫生产硫酸，原料主要为硫黄、硫铁矿和有色金属火法冶炼厂的含二氧化硫烟气；此外，有些国家还利用天然石膏、磷石膏、硫化氢、废硫酸、硫酸亚铁等作为原料。

四、硫酸的用途

硫酸是基本化学工业中重要产品之一，它不仅是许多化工产品的原料，而且还广泛地应用于其他的国民经济部门，它的应用范围日益扩大，需要数量日益增加。如用于肥料的生产硫酸铵（俗称硫铵或肥田粉）和过磷酸钙（俗称过磷酸石灰或普钙），这两种化肥的生产都要消耗大量的硫酸。每生产一吨硫酸铵，就要消耗硫酸（折合成100%计算）760千克，每生产一吨过磷酸钙，就要消耗硫酸360千克。

硫酸广泛用于冶金工业和金属加工，在冶金工业部门，特别是有色金属的生产过程需要使用硫酸。例如用电解法精炼铜、锌、镉、镍时，电解液就需要使用硫酸，某些贵金属的精炼，也需要硫酸来溶解夹杂其中的其他金属。在石油工业中汽油、润滑油等石油产品的生产过程中，都需要浓硫酸精炼，以除去其中的含硫化合物和不饱和碳氢化合物，每吨原油精炼需要硫酸约 24 千克，每吨柴油精炼需要硫酸约 31 千克。石油工业所使用的活性剂的制备，也消耗不少硫酸。

硫酸的最大消费者是化肥工业，用以制造磷酸、过磷酸钙和硫酸铵。

五、硫酸的发现

据考证，在公元 650～683 年（唐高宗时），炼丹家孤刚子在其所著《黄帝九鼎神丹经诀》卷九中就记载着"炼石胆取精华法"，即干馏石胆（胆矾）而获得硫酸。若用化学方程式表示则为：

$$CuSO_4 \cdot 5H_2O \xrightarrow{\quad\quad} CuSO_4 + 5H_2O$$

$$CuSO_4 \xrightarrow{\quad\quad} CuO + SO_3 \uparrow$$

$$SO_3 + H_2O \xrightarrow{\quad\quad} H_2SO_4$$

这一发现比西方早五六百年。

孤刚子不仅用这种硫酸分解过金矿，而且还发现了硫酸参与的许多惊奇的变化，如他知道稀硫酸对铜不能腐蚀的性质。

8 世纪阿拉伯炼金家贾比尔发现，将硝石和绿矾一起蒸馏，所得气体溶于水得硫酸。后来人们还发现某些矿泉中有浓厚的硫黄味道，可治疗皮肤病，这是因为地下水长期接触硫铁矿（FeS_2）等，被缓慢氧化成微量 H_2SO_4，使泉水味道发酸。这个变化可表示为：

$$2FeS_2 + 7O_2 + 2H_2O \xrightarrow{\quad\quad} 2H_2SO_4 + 2FeSO_4$$

第三节　盐酸（HCl）

盐酸的学名氢氯酸，是氯化氢的水溶液，其化学式为 HCl。盐酸是一种强酸，浓盐酸具有极强的挥发性，因此盛有浓盐酸的容器打开后能在上方看见酸雾，那是氯化氢挥发后与空气中的水蒸气结合产生的盐酸小液滴。

盐酸是一种常见的化学品，在一般情况下，浓盐酸中氯化氢的质量

分数在 37% 左右。人的胃酸的主要成分也是盐酸。

最早发现盐酸的是在公元 800 年，阿拉伯炼金师贾比尔混合了氯化钠和硫酸第一次制取了盐酸。贾比尔发现过许多常见的化学品，并写下了 21 本书来记述他的理论，在这些书上写的许多化学基础知识现在还在使用。

盐酸的制取的方法有很多，实验室中一般以浓硫酸和氯化钠反应生成氯化氢。总反应式为：

$$H_2SO_4 （浓） + 2NaCl = 2HCl + Na_2SO_4$$

工业制取盐酸，很多使用氯和氢两种物质直接合成盐酸。使用这种方法制取盐酸，通常是电解饱和的氯化钠溶液，来制取氯气、氢氧化钠、氢气：

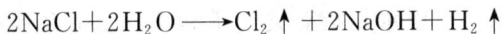

$$2NaCl + 2H_2O \longrightarrow Cl_2\uparrow + 2NaOH + H_2\uparrow$$

通过氯气和氢气反应可以制取氯化氢气体，溶于水后成为盐酸，反应式：

$$Cl_2 + H_2 \rightarrow 2HCl$$

这种方法可以获得较纯的盐酸。

第四节　碳酸 (H_2CO_3)

碳酸的化学式为 H_2CO_3，它是一种二元酸。碳酸不稳定，在摇晃或加热时分解为 CO_2 和 H_2O：$H_2CO_3 = H_2O + CO_2\uparrow$。

CO_2 融于水时形成碳酸：$CO_2 + H_2O = H_2CO_3$。

碳酸会使紫色石蕊试液变成浅红色。二氧化碳在溶液中大部分是以微弱结合的水合物形式存在，只有一小部分形成碳酸（H_2CO_3）。碳酸在碱的作用下，能生成酸式碳酸盐 M(HCO_3)$_2$ 和碳酸盐 MCO_3（M 代表二价金属）。所有的酸式碳酸盐受热均分解为 CO_2 和相应的正盐。

碳酸和我们的日常生活有着密切的关系，我们喝的汽水就是一种碳酸饮料。习惯上把二氧化碳的水溶液称为碳酸。在制造汽水时，要在加压情况下把二氧化碳气体溶解在水里，再加压把糖、柠檬酸以及果汁或香精灌入汽水瓶中。当我们喝汽水时，汽水从瓶子里倒出来，外界压强（指空气压强和人体内的压强）突然降低，二氧化碳在水中的溶解度随着压强降低而变小。于是，喝入体内汽水中的二氧化碳便成为气体从水中逸出，并从口腔中排出，这个过程会把人体内的热量带走，这就是喝汽水感到凉爽的原因。

但是碳酸也会给我们的生活带来麻烦。地面上的二氧化碳气体溶于水，生成碳酸。当地面水渗入地下时，碳酸也被带到地下，并与地下石灰岩里不溶于水的碳酸钙发生化学反应，生成可溶于水的碳酸氢钙。含有碳酸氢钙的水称为"硬水"，因此地下水都属于"硬水"。江河里的水不含碳酸氢钙，不是"硬水"（硬水是指有钙离子和镁离子等金属阳离子，他们的碳酸盐是不可溶解于水的）。

有些地方使用的水源就是地下水。煮水用的水壶和锅炉在使用一段时间后，常常可以看到其内壁上覆盖着一层白色的很僵硬的物质，成为锅垢（俗称水碱）。这层白色物质的形成是因为在煮开水时，水中的碳酸氢钙受热分解成碳酸钙、二氧化碳和水。碳酸钙是不溶解在水中的沉淀物，天长地久，它就成为锅垢。锅垢导热性很差，因此烧水时会浪费燃料。如果锅炉和管道中的锅垢太厚，还有发生爆炸的危险。所以，工业生产中总是把"硬水"先用化学方法除去或减少碳酸钙，使它软化以后再用。

许多奇妙的溶洞也是由碳酸和二氧化碳形成的，比如溶洞内的石笋、石柱等。

虽然石灰岩十分的坚硬，但是长期在含有碳酸的地下水的作用下却变得十分软弱。地下水与石灰岩中的碳酸钙作用，生成了可溶于水的碳酸氢钙。地下水在石灰岩裂缝里不停地流动，石灰岩便不断地被溶解，天长日久之后，石灰岩的小孔、裂缝逐渐扩大，形成了大小、宽度和形状各不相同的溶洞的通道。

而在溶顶上慢慢渗出的含有碳酸氢钙的地下水，当遇到较高的温度和较小压强时，水中的碳酸氢钙便分解成碳酸钙、二氧化碳和水。生成的碳酸钙，便附着在洞顶上。日久天长，积累的碳酸钙就慢慢地往下生长，形成了冬天屋檐下挂的冰锥一样的石柱，称为石钟乳。如果含有碳酸氢钙的水滴掉在溶洞的地上，碳酸钙便慢慢往上长，就像地下长出来的竹笋一样，叫做石笋。当石钟乳和石笋逐渐长大连成一体时，便是一根石柱。

虽然是这些过程说起来十分的简单，但是这个过程要花上数百年以上的时间才有可能完成。

第五节　氢氧化钠（NaOH）

氢氧化钠（NaOH），俗称烧碱、火碱、苛性钠，常温下是一种白色晶体，具有强腐蚀性，易溶于水，其水溶液呈强碱性，能使酚酞变红。氢氧化钠是一种极常用的碱，是化学实验室的必备药品之一。它的溶液可以用作洗涤液。氢氧化钠还易溶于乙醇、甘油，但不溶于乙醚、丙酮、液氨。固体氢氧化钠溶解或浓溶液稀释时放出热量。市售烧碱有固态和液态两种：纯固体烧碱呈白色，有块装、片状、棒状、粒状，质脆；纯液体烧碱为无色透明液体。烧碱在空气中易潮解并吸收二氧化碳。

氢氧化钠溶液是强碱之一，能与许多有机、无机化合物起化学反应，腐蚀性很强，能灼伤人体皮肤等。氢氧化钠在水中完全电离出钠离子和氢氧根离子，可与任何质子酸进行中和反应。以氢氯酸为例：

$$NaOH+HCl\longrightarrow NaCl+H_2O$$

氢氧化钠还是许多有机反应的良好催化剂。其中最典型的是酯的水解反应：

$$RCOOR'+NaOH\longrightarrow RCOONa+R'OH$$

反应进行得既完全又迅速，这就是氢氧化钠能灼伤皮肤的原因。

氢氧化钠是制造肥皂的重要原料之一。氢氧化钠溶液加油，比例合适会反应混合，成为固体肥皂。这一反应也是利用了水解的原理，而这一类在 NaOH 催化下的酯水解称为皂化反应。

氢氧化钠在空气中易潮解变质，其原因是遇到空气中的 CO_2：

$$2NaOH + CO_2 \longrightarrow Na_2CO_3 + H_2O$$

氢氧化钠对纤维、皮肤、玻璃、陶瓷等有腐蚀作用，溶解或浓溶液稀释时会放出热量；与无机酸发生中和反应也能产生大量热，生成相应的盐类；与金属铝和锌、非金属硼和硅等反应放出氢；与氯、溴、碘等卤素发生歧化反应。能从水溶液中沉淀金属离子成为氢氧化物；能使油脂发生皂化反应，生成相应的有机酸的钠盐和醇，这是去除织物上的油污的原理。

氢氧化钠的用途十分广泛。由于它有很强的吸湿性，还可用做碱性干燥剂。烧碱也是个工业的重要原料，制造化学药品，造纸、炼铝、炼钨、人造丝、人造棉和肥皂制造业等都需要烧碱。另外，在生产染料、塑料、药剂及有机中间体，旧橡胶的再生，制金属钠、水的电解以及无机盐生产中，制取硼砂、铬盐、锰酸盐、磷酸盐等，也要使用大量的烧碱。

第六节 氢氧化钙（$Ca(OH)_2$）

氢氧化钙的化学式为 $Ca(OH)_2$，俗称熟石灰或消石灰，白色固体，微溶于水，其水溶液常称为石灰水，呈碱性，与水组成的乳状悬浮液称石灰乳。在空气中吸收二氧化碳和水等从而变质。氢氧化钙具有较强的碱性，能吸收空气中二氧化碳生成碳酸钙沉淀。熟石灰碳酸钙由石灰与水作用（即熟化）而得。氢氧化钙可用于制造漂白粉和建筑材料灰泥，也用于水的软化。

氢氧化钙溶液和饱和碳酸钠溶液反应能够生成氢氧化钠：

Ca（OH）$_2$＋Na$_2$CO$_3$＝＝2NaOH＋CaCO$_3$↓，这个反应可以用来制取小量烧碱。

氢氧化钙还可以与二氧化碳反应：Ca（OH）$_2$＋CO$_2$＝＝CaCO$_3$↓＋H$_2$O（这是石灰浆涂到墙上后氢氧化钙发生的反应，墙会"冒汗"就是因为生成了水 H$_2$O，墙变得坚固是因为生成了碳酸钙 CaCO$_3$，这个反应也是检验 CO$_2$ 的方程式，气体通入石灰水变混浊的是 CO$_2$。在乡下有时为了使墙更快变硬，就在刚刷好的屋里烧炭生成二氧化碳 CO$_2$（C＋O$_2$＝＝（点燃）CO$_2$）。

不同量的氢氧化钙与碳酸氢钠的反应也不同，少量的碳氢氧化钙和碳酸氢钠的反应生成碳酸钙、水和碳酸钠：

2NaHCO$_3$＋Ca（OH）$_2$＝＝CaCO$_3$↓＋2H$_2$O＋Na$_2$CO$_3$

过量的氢氧化钙和碳酸氢钠反应会生成碳酸钙、水和强碱氢氧化钠：NaHCO$_3$＋Ca（OH）$_2$＝＝CaCO$_3$↓＋H$_2$O＋NaOH

氢氧化钙具有碱的通性。它的碱性或腐蚀性都比氢氧化钠弱，可以说是一种中强性碱，这些性质决定了氢氧化钙有广泛的应用。农业上用它降低土壤酸性，改良土壤结构。农药波尔多液是用石灰乳和硫酸铜水溶液按一定比例配制的，因 1885 年首先用于法国波尔多城而得名，这种农药主要用于果树和蔬菜，通过其中的铜元素来消灭病虫害的，其中不仅利用了氢氧化钙能与硫酸铜反应的性质，也利用了氢氧化钙微溶于水的特点使药液成黏稠性，有利于药液在植物枝叶上附着。另外氢氧化钙与空气中的二氧化碳反应生成难溶于水的碳酸钙，也有利于药液附着于植物表面一段时间不被雨水冲掉。

第七章 化学与生活

第一节 化学知识窗

一、不慎打碎体温计，该怎么办

体温计里装的一般是水银，不慎打碎体温计，水银外漏，洒落的水银就会散布到地面上和空气中，引起环境污染，继而危害人体健康。因此体温计打碎后，应妥善处理洒落的水银，可先用吸管吸取颗粒较大的水银，后在剩余水银的细粒上撒些硫黄粉末，水银和硫黄反应生成不易挥发的硫化汞，减少了危害。

二、铅笔的标号是怎么分的

铅笔的笔芯是用石墨和黏土按一定比例混合制成的。"H"即英文"Hard"（硬）的词头，用以表示铅笔芯的硬度。"H"前面的数字越大（如6H），铅笔芯就越硬，也即笔芯中与石墨混合的黏土比例越大，写出的字越不明显，常用来复写。"B"是英文"Black"（黑）的词头，代表石墨，用以表示铅笔芯质软的程度和写字的明显程度。以"6B"为最软，字迹最黑，常用以绘画。普通铅笔标号则一般为"HB"，考试时用来涂答题卡的铅笔标号一般为"2B"。

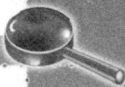

三、中国化学史上的"世界第一"

（1）公元前 100 年中国发明造纸术，公元 105 年东汉蔡伦总结并推广了造纸技术，而欧洲人还在用羊皮抄书。

（2）公元 700～800 年唐朝孙思邈在《伏硫黄法》中最早记载了黑火药的三组分（硝酸钾、硫黄和木炭）。火药于 13 世纪传入阿拉伯，14 世纪才传入欧洲。

（3）公元前 200～公元 400 年中国炼丹术兴起。魏伯阳的《周易参同契》和葛洪的《抱扑子》记录了汞、铅、金、硫等元素和数十药物的性状与配制。公元 750 年中国炼丹术传入阿拉伯。

（4）公元 800 年唐朝茅华是世界上第一个发现氧气的人。他比英国的普利斯特里（1774）和瑞典的舍勒（1773）发现氧气约早 1000 年。

（5）我国是"纤维之王"——蚕丝的故乡，公元前 2000 年中国已经养蚕。公元 200 年养蚕技术传入日本。

（6）公元前 600 年中国已掌握冶铁技术，比欧洲早 1900 多年。公元前 200 年，中国炼出了球墨铸铁，比英美领先 2000 年。

（7）1000 多年前中国就能炼锌，早于欧洲 400 年。

（8）公元前 2000 年中国已会熔铸红铜；公元前 1700 年中国已开始冶铸青铜。公元 900 多年我国的胆水浸铜法是世界上最早的湿法冶金技术（置换法）。

（9）1700 多年前，中国已能炼铅及铜铅合金。

（10）公元前 8000～前 6000 年中国已制造陶器，公元 200 年中国比较成熟地掌握了制瓷技术。

（11）3000 多年前我国已利用天然染料染色。我国是世界上最早发现漆料和制作漆器的国家，约有 7000 年历史。

（12）公元前 4000～前 3000 年中国已会酿造酒。公元前 1000 年我国已掌握制曲技术，比欧洲的"淀粉发酵法"制造酒精早 2000 多年。

（13）3000 多年前，我们祖先发现石油。古书载"泽中有火"即指地下流出石油溢到水面而燃烧。宋朝沈括所著《梦溪笔谈》第一次记载石油的用途，并预言"此物必大行于世"。

（14）世界上最早开发和利用天然气的是中国的四川邛崃和陕西鸿门两地。

（15）我国祖先很早使用木炭和石炭（又叫黑炭，即煤），而欧洲人16世纪才开始利用煤。

（16）1939年，中国化工专家侯德榜提出"联合制碱法"，1939年侯德榜完成了世界上第一部纯碱工业专著《制碱》。

（17）1965年，我国在世界上第一个用人工的方法合成活性蛋白质——结晶牛胰岛素（由于署名原因，诺贝尔化学奖与国人擦肩而过）。

（18）20世纪70年代，中国独创无氰电镀新工艺取代有毒的氰法电镀，是世界电镀史上的创举。

（19）1977年我国在山东发现了迄今为止的世界上最大的金刚石——常林钻石。

（20）全世界海盐产量5000万吨，其中我国生产1300多万吨，居世界第一。早在3000多年前，我国就采用海水煮盐了，是世界上制盐最早的国家。

（21）世界上已知的140多种有用矿，我国都有。中国是世界上冶炼矿产最早的国家。

四、化学元素之最

人体里含量最多的元素是氧，约占人体总重量的65％。

目前提得最纯的元素是半导体材料硅。其纯度已达到12个"9"，即：99.9999999999％，杂质含量不超过一千万亿分之一。

熔点最高的元素是碳，要使碳熔化，需要3727℃的高温。熔点最低的是氦，在－271.7℃时就可熔化。最富延展性的是金，380克金拉成细丝，可以由北京沿铁路线延伸到上海。用金压成的薄片，5万张叠加到一起，才有1毫米厚。

导电性最好的是银，相当于汞的 59 倍。

最昂贵的金属是锎，1 克锎价值 1000 万美元，为黄金价格的 50 多万倍。

五、"味觉"是由不同的化学成分引起的

味觉是人们对食物的感觉，味道可分为甜、酸、苦、辣、咸、涩、鲜等。但是这些味觉都是怎样形成的呢？

（1）甜：葡萄、香蕉、梨、苹果等水果都是甜的，因为它们都含有糖。糖是由碳、氢、氧三种元素组成的。水果和其他甜味食物中大都含有葡萄糖、果糖、蔗糖、麦芽糖、乳糖等。这几种糖的甜味，是由分子结构中的羟基产生的。

（2）酸：酸是食物中的 H^+ 引起的。食物中的酸味主要来源于有机酸。食醋中含 $3\% \sim 5\%$ 的醋酸（CH_3COOH）。味道最美的酸是柠檬酸 $[C_3H_4(OH)(COOH)_3]$ 和苹果酸（$HOOCCH_2COOH$），在葡萄、山楂及生苹果中含苹果酸，柠檬、橘子中含柠檬酸，酸奶中含乳酸。

（3）苦：人和动物的胆汁都是极苦的物质，它是由胆酸引起的苦味。黄连也是出名的苦药，俗话说"哑巴吃黄连，有苦难言"，这是由于它含有黄连碱之故。"奎宁"也是极苦的药，它含有"金鸡纳碱"。总之，苦味主要来源于食品中的生物碱。

（4）辛辣味：辣椒中含辣椒素，生姜中含有黄色油状液体姜辣素，萝卜中含芥子油，烟草中含尼古丁，这些都能使舌头感到辛辣味。

（5）咸：人们日常所尝到的咸味，主要由氯化钠（$NaCl$）引起的。吃菜放盐，不仅是调节口味，还是人体生理的需要，它在人体中起到维持水和电解质平衡的作用。

（6）涩：主要来源于含有单宁类、醛类、酚类等物质。生柿子中含有柿涩单宁，因此感到很涩。

（7）鲜味：各种肉类、海鲜类，味道鲜美，大多含有各种氨基酸或某些有机酸之故。如味精中主要成分是谷氨酸钠，虾、蟹中含琥珀酸

钠，蘑菇中含鸟苷酸，都是味道极鲜的物质。

六、常见的致癌物

1. 黄曲霉素

黄曲霉素是目前发现的最强的化学致癌物物质之一，它主要引起肝癌，还可以诱发骨癌、肾癌、直肠癌、乳腺癌、卵巢癌等。

黄曲霉素主要存在于被黄曲霉素污染过的粮食、油及其制品中。例如黄曲霉污染的花生、花生油、玉米、大米、棉籽中最为常见，在干果类食品如胡桃、杏仁、榛子、干辣椒中，在动物性食品如肝、咸鱼中以及在奶和奶制品中也曾发现过黄曲霉素。

2. N-亚硝基化合物

N-亚硝基化合物对动物是强致癌物，在经检验过的100多种亚硝基类化合物中，有80多种有致癌作用。

食物中过量的N-亚硝基化合物是在食物贮存过程中或在人体内合成的，在天然食物中N-亚硝基化合物的含量极微（对人体是安全的），目前发现含N-亚硝基化合物较多的食品有：烟熏鱼、腌制鱼、腊肉、火腿、腌酸菜等。

3. 稠环芳烃类化合物

稠环芳烃类化合物多存于煤焦油、木焦油和沥青等物质中。

七、空气质量周报

从1997年开始，我国的许多城市都在当地电视台、电台、报纸上公布本城市一日的空气质量情况，从此以后，城市空气质量的好坏对许多人来说不再是个未知数。

空气质量周报的主要内容为：空气污染指数、空气质量级别和首要污染物。空气污染指数就是将监测的几种空气污染物的浓度值简化成为单一的数值形式，并分级表示空气污染程度和空气质量状况。污染指数的分级标准是：（1）污染指数在50以下对应的空气质量级别为一级，

探索化学的奥秘 TANSUO HUAXUE DE AOMI

即优；（2）污染指数在 50 以上、100 以下对应的空气质量级别为 2 级，即良；（3）污染指数在 100 以上、200 以下对应的空气质量级别为 3 级，即轻度污染；（4）污染指数在 200 以上、300 以下对应的空气质量级别为 4 级，为中度污染；（5）污染指数在 300 以上对应的空气质量级别为 5 级，为重度污染。

根据我国空气污染的特点，目前空气污染指数的项目暂定为：二氧化硫、氮氧化物和总悬浮颗粒物。二氧化硫主要来自燃煤废气，它是生成酸雨的元凶；氮氧化物主要来自于汽车尾气；总悬浮颗粒物主要来自燃煤排放的烟尘和地面扬起的灰尘。取这三种污染指数最大的作为首要污染物，并将首要污染物的污染指数确定为该城市的空气污染指数。例如某市在某一周的空气质量监测中，氮氧化物的污染指数是最高的，达到了 134，那么氮氧化物就被确定为本周的主要污染物，同时，氮氧化物的污染指数 134 及其对应的空气质量级别 3 级就作为该市本周的空气污染指数和空气质量级别。

目前许多国家都已经开展了空气质量公报、污染警报和预报工作，美国是最早开始这项工作的国家，在 20 世纪 70 年代就开始了。有不少国家进行预报，当污染指数超过警戒值时，就要发出污染警报，一方面警告敏感人群如老人、小孩、病人减少室外活动，另一方面要限制工厂和交通排放废气。现如今，我国许多的大城市已经是一日一报，甚至有的已经达到时刻预报。

八、光化学烟雾

氮氧化合物（NOx）主要是指 NO 和 NO_2。NO 和 NO_2 都是对人体有害的气体。氮氧化合物和碳氢化合物在大气环境中受强烈的太阳紫外线照射后会产生一种新的二次污染物——光化学烟雾。在这种复杂的光化学反应过程中，主要生成光化学氧化剂（主要是 O_3）及其他多种复杂的化合物，统称光化学烟雾。

经过研究表明，在北纬 60 度～南纬 60 度之间的一些大城市，都可能发生光化学烟雾。光化学烟雾主要发生在阳光强烈的夏、秋季节。随着光化学反应的不断进行，反应生成物不断积蓄，光化学烟雾的浓度不断升高，大约 3~4 小时后达到最大值。这种光化学烟雾可随气流飘移数百公里，使远离城市的农村庄稼也受到损害。

1943 年，美国洛杉矶市发生了世界上最早的光化学烟雾事件，此后，在北美、日本、澳大利亚和欧洲部分地区也先后出现这种烟雾。经过反复的调查研究，直到 1958 年才发现，这一事件是由洛杉矶市拥有的 250 万辆汽车排气污染造成的，这些汽车每天消耗约 1600 吨汽油，向大气排放 1000 多吨碳氢化合物和 400 多吨氮氧化合物，这些气体受阳光作用，酿成了危害人类的光化学烟雾事件。1970 年，美国加利福尼亚州发生光化学烟雾事件，农作物损失达 2500 多万美元。

1971 年，日本东京发生了较严重的光化学烟雾事件，使一些学生中毒昏倒，同一天，日本的其他城市也有类似的事件发生，此后日本一些大城市连续不断出现光化学烟雾。日本环保部门经过对东京等几个主要污染源排放的主要污染物进行调查后发现，汽车排放的 CO、NOx、HC 三种污染物约占总排放量的 80%。

目前，由于我国内地汽车油耗量高，污染控制水平低，已造成汽车污染日益严重。部分大城市交通干道的 NOx 和 CO 严重超过国家标准，汽车污染已成为主要的空气污染物；一些城市臭氧浓度严重超标，已经具备了发生光化学烟雾污染的潜在危险。从总体上看，氮氧化物污染突出表现在人口 100 万以上的大城市或者是特大城市。

九、氟化合物与人体健康

氟是人体中一种必需的微量元素。在人体必须的元素中，人体对氟的含量最为敏感，因为满足人体对氟的需要的量与由于氟过多而导致中毒的量之间相差不多，因此氟对人体的安全范围比其他微量元素窄得多。所以要更加注意自然界、饮水及食物中氟含量对人体健康的影响。

氟在人体中主要分布在骨骼、牙齿、指甲和毛发当中，尤其以牙釉

质中含量多，氟的摄入量或多或少也最先表现在牙齿上。当人体缺乏氟时，会患龋齿，氟多了又会患斑釉齿，如果再多，会患氟骨症等系列病症。

人体中氟的主要来源是饮水。有研究认为，饮水中含氟量为 1.0 毫克/升~1.5 毫克/升较为适宜，最高不得超过 2.0 毫克/升。

市场上出售的加氟牙膏含有氟化钠、氟化锶等氟化合物，有防龋作用，适用于缺氟地区。但对不缺氟的地方来说无法验证其是否对人体具有危害性，因此是否需要选用这种牙膏，最好听取卫生部门或者是牙医的建议。

十、碘与指纹破案

在电视中经常有公安人员根据指纹破案的情节，其实，只要我们在一张白纸上面用手指按一下，然后把纸上手指按过的地方对准装有少量碘的试管口，并用酒精灯加热试管底部。等到试管中升华的紫色碘蒸气与纸接触之后，按在纸上的平常看不出来的指纹就会逐渐地显示出来，并可以得到一个十分明显的棕色指纹。如果把这张白纸收藏起来，数月之后再做上面的实验，仍能将隐藏在纸面上的指纹显示出来。

这是因为，每个人的指纹并不完全相同，而手指上总含有油脂、矿物油和汗水等。当用手指按在纸面上的时候，指纹上的油脂、矿物油和汗水就会留在纸面上，只不过是人的眼睛看不出来罢了。纯净的碘是一种紫黑色的晶体，并有金属光泽。有趣的是，绝大多数物质在加热时，一般都有固态、液态和气态的三态变化，而碘却一反常态，在加热时能够不经过液态直接变成蒸气。像碘这类固体物质直接气化的现象，人们称之为升华。同时碘还有易溶于有机溶剂的特性，由于指纹含有油脂、汗水等有机溶剂，当碘蒸气上升遇到这些有机溶剂时，就会溶解在其中，因此指纹也就显示出来了。

十一、爱情也是一种化学反应

化学与我们的生活密切相关，但是化学也与人类的爱情、智慧也有很大关联呢！

对于恋爱中的青年男女，人们常用"难舍难分"、"如胶似漆"、"一日三秋"等美丽的词语来形容爱情的炽热。为什么会这样呢？

科学家们经过研究发现：恋爱中的男青年，他大脑里的丘脑下部分泌出具有爱恋作用的化学物质。这种物质，会使他的神经突然激发，产生对异性的亲近、追求、甜蜜的神经活动；女青年也作出相应的化学变化和神经活动，从而双方都有难舍难分、幸福甜蜜的感觉。

这些化学物质是肾上腺素、去甲肾上腺素和安眠酮等，有了这些化学物质作用于神经系统，人们就会进入爱情的美妙境地。

同时科学家们也发现，一些早在童年时被切除脑下垂体的病人，到了成年时，他们在体格上同正常人没有多少差别，然而在爱情上却是麻木不仁，完全没有爱情的感受，不会持久的对异性产生爱恋，永远不会堕入情网。

于是，科学家们建议他们上医院去请教医生，医生就会建议他们服用安眠酮等，它们能很好地激起人们的爱情。

十二、人疲倦的化学原理

我们在运动或学习一段时间后，会感到疲倦。从化学角度来看，疲倦与碳水化合物的代谢有密切关系。

人体里的细胞为了完成肌肉的收缩、神经冲动的传递等任务，需要高能量的化合物，如三磷酸腺苷（ATP）。这种高能量化合物的水解，是一种大量放热的反应。而在运动时，肌肉纤维收缩，加速细胞里的吸热反应。如果人体肌肉里所储存的 ATP 很快消耗掉，又来不及补充，人就感到疲倦。

再说，在激烈运动时，血液对肌肉所需要的氧气会供应不足，那么，肌肉细胞就必须调动葡萄糖的分解来产生能量。可是，葡萄糖分解的同时会形成乳酸，而乳酸会妨碍肌肉的运动，引起肌肉的疲劳。乳酸的积累会造成轻度的酸中毒，引起恶心、头痛等，增加疲倦的感觉。

肝脏对保持体力有重要作用。当人体内葡萄糖分解后，血液中的葡萄糖减少，肝脏里糖原发主分解，释放出葡萄糖，使血液保持一定的含糖量。同时，肝脏里一部分乳酸被氧化，产生二氧化碳排出体外，其余的转化为糖原。所以，在紧张运动后做深呼吸，增加供氧，促使乳酸氧化，可以减少疲倦。

第二节　千分位误差引出的重大发现

一、瑞利

瑞利原名斯特拉特，因为他祖父被英国皇室封为瑞利勋爵，他是第三世，故称瑞利勋爵第三。其父辈在科学上都没有什么声望，到瑞利勋爵第三，成了科学巨人。科学史习惯上不称他为斯特拉特，而简称瑞利。

1842 年 11 月 12 日，瑞利生于伦敦附近的埃塞克斯。他自幼体弱多病，学习时常因病中断。1861 年，他进入剑桥大学的三一学院攻读数学。开始他的学业平平，但不久他以突出的才能超过了班上学习最好的同学。1865 年他以优等成绩毕业。当时剑桥的主试人指出："瑞利的毕业论文极好，不用修改就可以直接付印。"

1866 年，瑞利开始在剑桥任教，直到 1871 年。这一年，他结了婚，妻子是后来的首席国务大臣的妹妹。1872 年，他因严重的风湿病不得不去埃及和希腊过冬，同时开始写作两卷本的《声学原理》。这部物理学上不朽的名著一直写了 6 年，直到 1877 年第一卷才初次出版。

1879 年，著名的物理学教授麦克斯韦去世，空缺的剑桥大学卡文迪许实验室主任职位由瑞利继任。瑞利对科研事业热情极高，投入了全部身心。他担任卡文迪许实验室主任之后，扩大了招生人数，把原只有六七个学生的小组发展为拥有 70 多位实验物理学家的先进学派，其中包括女性，反映了瑞利男女平等的观念。瑞利要求学生都要通过实验来学习物理、研究物理。由他开创的这种培养学生的方法从此在欧美的大学流传开来。瑞利还带头捐出 500 英镑，同时还向友人募集了 1500 英镑，为实验室添置了大批的新仪器，使实验室的科学研究设备得到充实。后来，该实验室培养了多位诺贝尔奖得主。1884 年接替瑞利任实验室主任的汤姆生，在这里发现了电子，荣获 1906 年的诺贝尔物理学奖。汤姆生的学生卢瑟福，发现了放射性衰变规律，提出了半衰期的概念。他接替汤姆生任卡文迪许实验室主任后，还是在这里，利用 α-射线发现了原子的"行星式"有核结构，第一次打开了原子的大门，于 1908 年荣获诺贝尔化学奖。

瑞利在卡文迪许实验室最初的研究工作主要是光学和振动系统的数学，后来的研究几乎涉及物理学的各个方面。他用精密的实验建立了电阻、电流和电动势的标准。考虑到建立基本单位准确性的重要意义，瑞利建议英国政府成立国家物理实验室。这个实验室自 1900 年建立以来，一直是国际上重要的标准化机构。

瑞利是注重严格定量研究的物理学家。例如他测量气体密度时，想到玻璃容器受大气压的影响，在充满气体和抽成真空时体积是不一样的，因而所受空气的浮力也是不一样的。他将这微小的差别计算在内，可见他的实验作风极为严谨，对研究结果要求极为精确。由他测定的气体密度值，经过了 100 多年，有些还在使用。这种追求至真的作风使得他在测定氮气密度时发现并抓住了"千分位的误差"，从而与拉姆塞共同发现了氩，这一成就使瑞利荣获了 1904 年的诺贝尔物理学奖。1905 年，瑞利当选为英国皇家学会主席。从 1908 年直到 1919 年去世，他是剑桥大学的名誉校长。

瑞利对气体密度的测定花费了他 20 多年的时间，目的是为了验证普劳特假说。什么是普劳特假说呢？

早在 1815 年，曾积极宣扬原子论的苏格兰化学家汤姆逊，在他主编的《哲学年鉴》上发表了英国化学家普劳特的文章，指出各种气体的密度精确地是氢气密度的整数倍，由此他推测氢原子可能是各种元素的

"元粒子"，这就是普劳特关于元素的氢母质假说。

汤姆逊认为"该假说是非常站得住脚的"。他为使原子量的数值符合这一概念积极奋斗了几年之久。他总试图让实验结果去符合他预先想好了的结论，这种治学作风曾受到贝采里乌斯的严厉批评。贝采里乌斯在 1826 年发表的原子量与汤姆逊基于普劳特假说的臆断值有明显的差别。当时欧洲大陆接受贝采里乌斯的原子量，而英国的化学家则接受汤姆逊的数值。

1859 年，曾反对贝采里乌斯电化二元论的杜马发表文章支持普劳特假说。他说元素的原子量是氢原子量四分之一的整数倍，这就是说，氢原子是四个"氢元粒子"的牢固结合体，在化学反应中这些"氢元粒子"总是不分开。其他元素的原子也是"氢元粒子"的牢固结合体，其数目多数是 4 的整数倍，即普劳特所说的"氢的整数倍"。比利时化学家斯达广泛使用当时已经发展起来的各种制备纯物质的方法，用 25 年时间精确测定的原子量否定了杜马的结论，但普劳特假说依然引起人们的兴趣。兴趣归兴趣，当时谁也想不到，大约半个世纪后科学家发现了同位素，普劳特假说重新焕发了异彩，人们似乎再度发现了"元粒子"——气原子核（质子）。由此我们看到科学与伪科学相伴而生，在比较与斗争中见到真理的曙光。

瑞利在验证普劳特假说的过程中，是怎样有所发现的呢？让我们看看他的自述吧。"20 多年来，我一大部分精力从事气体密度这个题目的研究，这些正是普劳特假说所涉及的问题。当时列尼奥宣称氧气的密度是氢气密度的 15.96 倍。这个数值与 16 相比，看来是在实验误差范围以内。"

"我的工作同库克同时进行的工作一样，沿用了列尼奥的方法，使用的球形容器和一个外形体积相同的样品容器（密封的）保持平衡。在这样的条件下，实验就不受空气密度起伏的影响。这个考虑非常重要，因为在用黄铜和白金做砝码的常规称量中，气压的高低要比球形容器内是真空或装有一个大气压的氢气造成更大的表观误差。库克最初宣布的结果是和列尼奥的结果相同的，但在他们俩的计算中都忽略了一个修正值，他们都假设球形容器内不论是真空还是装有一个大气压的气体，其外部体积都是相同的，其实在充满气体的情况下体积应比较大。做了修正后，库克的实验结果成为和我同时宣布的数值一致，即15.882。这样，此数值与普劳特假说的差异增大了，重新测定差异也未必减小。

"我的注意力开始转向氮气。我使用一种处理方法作了一组测试。这个方法是哈库特首先发明的，后由拉姆塞介绍给我的：空气先通过液态氨，再通过一根管子，管中放有炽热的铜。空气中的氧在管中被氨中的氢吸收生成了水：

$$3O_2 + 4NH_3 \Longrightarrow 6H_2O + 2N_2$$

剩余的氨再用硫酸吸收。在这个实验中，铜仅仅起了增加接触面和指示器的作用。只要铜还发亮，我们就可肯定氨在起作用。

"我对这样处理过的气体进行了一组测试，结果都一致。起初我打算就此结束对氮气的实验，但后来我仔细考虑，这次所用的方法不是列尼奥的方法，而后者无论如何是值得一用的方法。因此我又回到比较正统的实验程序，不用氨而使空气直接通过炽热的铜。按照此想法又进行了一组实验，其结果又一次完全一致。但是使我惊奇不解的是，两种方法得出的密度值相差千分之一。这个差值虽小，但完全超出了实验误差范围。氨法给出的密度值较小，于是产生一个问题：差值是否由某些已知条件引起的？经过一段时间的研究，对此做出了否定的回答。我很困惑，不知道该怎样继续研究。实验中有一条好规矩：当差值一开始就存在时，我们总是要设法放大这个差值，而不是凭感情放弃它。两种氮气到底有什么差别？一种氮气全部来自空气，另一种氮气约有五分之一来自氨。在氨法中用氧气代替空气是放大这个差值的最有希望的办法，因为这样一来，实验中的全部氮气都应来自氨。这个实验立刻获得了成功，来自氨的氮气比来自空气中的氮气轻约千分之五。这个差值比较大，可以进行满意的分析。一种可能的解释是：空气中有一种比氮气重的气体；另一种可能的解释（这种见解最初相当受化学界朋友的支持）

是：经过液态氨处理的气体中存在一种游离状态的氮。由于这种游离氮应当是不稳定的，因此我作了一次实验，将样品保存了八个月，但结果发现密度没有改变。"

这就是许多史料都提及的一段实验经过。瑞利用电解水、加热氯酸钾和高锰酸钾等三种不同的方法制取的氧气，密度完全相等。经过十年的努力，他测得氧气和氢气的密度比是 15.882：1，削弱了普劳特假说的影响。而他用不同的方法制取的氮气，密度则有微小的差异。由氨制得的氮气密度是 1.2508 克/升，由空气制得的氮气密度是 1.2572 克/升，前者要小千分之五左右。对此，他自己反复验证了多次。尽管差别很小，但是瑞利发现，这个"误差"总是表现为由空气除去氧、二氧化碳、水以后获得的氮气，比由氨和其他氮的化合物获得的氮气密度大；误差虽小，但是不对称。瑞利起初认为，之所以由空气制得的氮气密度大一些，可能有四种解释：

(1) 由大气所得的氮气，可能还含有少量的氧气。

(2) 由氨制得的氮气，可能混杂了微量的氢气。

(3) 由大气制得的氮气，或许有类似臭氧 O_3 的 N_3 分子存在。

(4) 由氨制得的氮气，可能有若干分子已经分解，游离的 N 原子把氮气的密度降低了。

第一个假设是不可能的，因为氧气和氮气的密度相差不大，必须杂有大量的氧，才有可能出现千分之五的差异。与此同时，瑞利又用实验证明：他由氨制得的氮气，其中不含氢气。第三个解释也不足置信，因为他采用无声放电使可能混杂 N_3 的氮气发生变化，并没发现氮气的密度有所变化，即不存在 N_3。第四种假设经过八个月的实验也排除了。

瑞利感到困惑不解。1892 年，他将这一实验结果发表在英国的《自然》周刊上，寻求读者的解答，但他一直没有收到答复。

1894 年 4 月 19 日，瑞利在英国皇家学会宣读了他的实验报告。随即苏格兰化学家、伦敦大学教授拉姆塞提出愿与瑞利合作研究，他说两年前就看到瑞利发表在《自然》周刊上的实验结果，今天听了报告更感到空气中可能还含有未知的密度更大的成分。瑞利听出了这话的分量。

另外有人向瑞利提起了一百多年前卡文迪许所做的实验，他放电使氧气与氮气化合。正是这位与拉瓦锡同时代的卡文迪许，英国的贵族科学家，以科学实验为乐，身后留下了大量的实验记录和大笔的财产。他的亲属（他自己没有后代）1871 年捐款给剑桥大学建立了著名的卡文迪许实验室。瑞利曾任实验室主任，当然很容易就找到了当年卡文迪许的实验记录。

卡文迪许将电火花引入空气时产生了红棕色硝酸气（NO_2）。为了深入研究，他用两只酒杯装满水银，又把 U 型管倒立在两个酒杯上，使水银密封 U 型管内的空气。在这之前他在水银面上放少量苛性钾，以吸收硝酸气（NO_2）。然后通过水银插入导线，在 U 型管内放电，使气体不断减少：

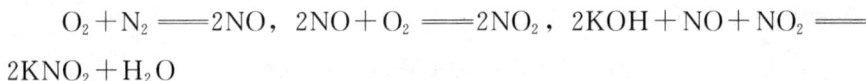

$O_2 + N_2 \rule[0.5ex]{1em}{0.4pt} 2NO$，$2NO + O_2 \rule[0.5ex]{1em}{0.4pt} 2NO_2$，$2KOH + NO + NO_2 \rule[0.5ex]{1em}{0.4pt}$ $2KNO_2 + H_2O$

当管内的氧气消耗殆尽时，再通入一些氧气，继续放电。如此反复，卡文迪许率领着他的仆人们，利用摩擦起电，一直摇了三个星期的起电盘。最后管内残留少量不再反应的气体时，卡文迪许用他的"硫肝液"吸收掉剩余的氧气，结果发现还有一个小气泡，说不清是什么气体。他在实验记录中写道："在 U 型管里剩下的小气泡是由于某种原因而不与脱燃素气（氧气）化合的浊气，但它又不像普通的浊气（氮气），因为什么电火花都不能使它与脱燃素气（氧气）化合。空气中的浊气（氮气）不是单一的物质，还有一种不与脱燃素气（氧气）化合的浊气，其总量不超过全部空气的一百二十分之一。"

瑞利利用他比卡文迪许先进得多的仪器，重复了当年卡文迪许的实验，得到了曾被称作"浊气"的那种气体。而同时，拉姆塞分别用炽热的铜和苛性钠除去了空气中的氧气、二氧化碳和水蒸气，最后用炽热的镁粉吸收了氮气：$3Mg + N_2 \rule[0.5ex]{1em}{0.4pt} Mg_3N_2$

也剩下一点气体。这期间瑞利和拉姆塞之间互相通信、密切合作。

还是看看瑞利的自述吧：

"假如来自空气的氮比"化学"氮重是由于空气中存在一种未知的成分，那么，下一步就应通过吸收氮来分离这种成分，这是一项很艰巨的任务。拉姆塞和我起初是分别进行工作，后来则是合作从事了这项工作。有两种方法是可行的：第一种方法是在电火花作用下使氮气与氧气化合并用碱吸收酸性化合物，卡文迪许最早就是用此方法验证了大气的主要成分和硝石中的氮是同一种东西。第二种方法是完全用炽热的镁来吸收氮气。用这两种方法都分离出了同一种气体，数量约占空气体积的百分之一，密度约为氮气的 1.5 倍。

"从气体的处理方式就可看出，它不被氧化，也不被炽热的镁所吸收，进一步设法使它化合也没有任何结果。不要认为这种气体是很稀少的，一个大厅中它的重量，一个人是搬不动的。"

拉姆塞将这种气体充入气体放电管中，发现了原来未曾见过的红色和绿色等各种谱线。再经光谱学家克鲁克斯分析，剩余气体的谱线多达 200 余条。通过光谱分析可以判断这是一种新的气体元素。在合作了四个月后的 1894 年 8 月 13 日，瑞利和拉姆塞以共同的名义宣布了一种惰性气体元素的发现。英国科学协会主席马丹提议把这种气体命名为 Argon（氩），即"懒惰"、"迟钝"的意思。

在这之后，他们又想：氩会不会是放电或氮气与镁剧烈反应的产物呢？为了排除这种可能性，瑞利和拉姆塞又做了大量的物理实验，希望结果不受化学反应的影响。他们采用了气体扩散速度比的实验法，即将空气通过多孔性的长管，分子量较小的氮气和氧气就会较多地通过管壁扩散到管外去，最后排出的气体就会含有较重的气体，其密度也会随之增加。管道越长分离得越彻底。这样，他们用物理方法也得到了氩。瑞利于 1919 年病故，比他的精诚合作者拉姆塞晚逝 3 年，享年 77 岁。据拉姆塞的学生特拉弗斯说，瑞利与拉姆塞之间往返信件极多，彼此关系十分融洽，共同为科学而努力，毫无名利之争。瑞利逝世后，他的实验室曾供科学界参观，凡是来访问的科学家，对瑞利使用简便的仪器发挥出巨大的作用莫不惊异。瑞利实验室中的一切重要设备虽外形粗糙，但关键部位都制造得十分精细，瑞利用这些仪器做了极为出色的定量分析。后人经常记起这位伟大科学家的名言：一切科学上的最伟大的发现，几乎都来自精确的量度。

二、拉姆塞

拉姆塞 1852 年 10 月 2 日生于英国的格拉斯哥。他的父母结婚时，都已年近 40，自虑已没有生育子女的希望，没想到第二年就生下小拉姆塞。拉姆塞的父母都是善良聪明的苏格兰人，家庭幸福美满，他们努力使拉姆塞受到良好的教育。

拉姆塞从小喜欢大自然，极善音律，爱读书也爱收藏书，而且很喜欢学习外语。他幼年时的许多行为，使成年人都感到吃惊。他小时经常坐在格拉斯哥自由圣马太教堂里，寂寞地听卡尔文教徒讲道，大人们不明白这位活泼好动的孩子，为什么能安静地坐着。人们总看见他在阅读圣经，走近一看才明白，原来小拉姆塞看的不是英文版的圣经，而是看的法文版，有时又看德文版。他是在用这种方法学习法文和德文。拉姆塞去教堂的另一目的是看教堂的窗子，因为那窗上镶嵌着许多几何图形，他通过那些图形验证学校学的几何定理。拉姆塞 14 岁时，被格拉斯哥大学文学院破格录取为大学生。他极肯钻研，他的同班同学菲夫回忆拉姆塞刚上大学时的情形说："拉姆塞刚入大学时，我们没学化学，但他一直在家中做各种实验。他的卧室四处都放着药瓶，瓶里装着酸类、盐类、汞等等。那时我们才刚刚认识，他买化学药品和化学仪器很内行给我印象很深。下午，我们常在他家会面，一起做实验，如制取氢、氧，由糖制草酸等。我们还自制了许多玻璃用具，自制了本生灯，拉姆塞是制造玻璃仪器的专家。我相信，学生时代的训练，对他的一生大有好处，除了烧瓶和曲颈瓶以外，所有的仪器，都是我们自制的。"1870 年，拉姆塞大学毕业后，去德国海德堡大学拜本生为师继续学习。一年以后，由本生推荐到蒂宾根大学继续深造，他在那里获博士学位。

1872～1880 年间，拉姆塞在格拉斯哥学院任教。1880 年他 28 岁的时候，由于教学和研究方面都有了较出色的成绩，被伦敦大学聘为化学教授。1888 年他被选为英国皇家学会主席，1895 年因发现惰性气体元素族而荣获戴维奖章，同年他还被选为法国科学院院士，1911 年担任英国科学促进会主席，1902 年英国政府授予他爵士的荣誉称号。

拉姆塞学问很渊博，也是科学界中最优秀的语言学家。1913 年，他在化学学会国际会议上担任主席时，使全世界各地代表大为惊奇和愉快的是，他先讲英语，后讲法语，再讲德语，间或也用意大利语，无不流畅自如，从容清晰，这主要得益于他自小的刻苦练习。

1890 年，美国地质调查所的地球化学家西尔布兰德观察到，当把沥青铀矿粉放到硫酸中加热时，就会放出一种气体，经实验这种气体也是惰性的。1895 年，对"惰性"两字十分敏感的拉姆塞和学生特拉弗斯读到报告后立即重复了这项实验。他们把放出的气体充入放电管中进行光谱分析，原以为要出现氩的光谱，但却出现了黄色的辉光，在分光镜中出现了很亮的黄色谱线——这不是 27 年前发现的"太阳元素"么？他们又将这种气体标本寄给权威的光谱专家克鲁克斯。克鲁克斯证实这确是"太阳元素"——氦。

1895 年 3 月 17 日，拉姆塞把他研究太阳元素氦的情况，写信给布卡南说："那种沥青铀矿经无机酸处理以后，放出的惰性气体，克鲁克斯认为它的光谱有些是新的。我从处理方法上来看，我敢确定它不是氩。现在我们正忙于继续制取，数日以后，我希望能制得足量的做密度测定，我想，也许就是我们寻求已久的氦吧。"不到一周，拉姆塞就证明了这种物质是氦。他非常高兴，在 3 月 24 日给他的夫人的信中这样写道："先讲一个最新的消息吧，我把新气体先封入一个真空管，这样装好以后，就在分光镜上看到它的光谱，同时也看到氩的光谱，这种气体是含有氩的，但是忽又见到一种深黄色的明线，光辉灿烂，和钠的光线虽不重合，可也相差不远，我惶惑了，开始觉得可疑。我把这事告诉了克鲁克斯，直到星期六早晨，克鲁克斯拍来电报。电文如下：从铀矿中分离出的气体，为氩和氦两种气体的混合物。"

元素氦、氩发现以后，拉姆塞在他开拓的领域继续深入研究。当时的元素周期表还没有氦和氩的位置。这两种元素不与任何元素化合，即化合价为零，理应另列一纵行作为零族放在第一主族碱金属的左边。氦的原子量为4，排在锂的左边十分合适；但氩的原子量为39.88，而钾的原子量为39.1，这样就出现了原子量大的排在前面的情况。是氩不纯净还是氩的原子量测定有问题？为了确证氩的原子量，拉姆塞又做了大量的实验，结果依然。他是元素周期律的坚信者，这个先进的理论是他做出杰出发现的一个思想基础。他想，应尊重实验结果，不能随意改动氩的原子量。在元素周期表中更应看重的是化合价等元素的性质。这样，他相信氩就应该排在钾的左边。既然是一族，性质类似的元素就应该不止这两种。由此拉姆塞预言还有原子量分别为20、82和130的三种未发现的惰性元素，并对其性质作了推测，如惰性、有美丽的光谱等。

1894年5月24日，拉姆塞给瑞利的信中写道："您可曾想到，在周期表最末的地方，还有空位留给气体元素这一事实吗？"

紧随着坚定的信心，是艰巨的劳动。拉姆塞继续的实验多亏得到特拉弗斯的帮助，这位学生兼助手有着十分高超的实验技能和充沛的精力。他们设法取得了一升的液态空气，然后小心地分步蒸发，在大部分气体沸腾而去之后，遗下的残余部分，氧和氮仍占主要部分。他们进一步用红热的铟和镁吸收残余部分的氧和氮，最后剩下25毫升气体。他们把这25毫升气体封入玻璃管中，来观察其光谱，看到了一条黄色明线，比氦线略带绿色，有一条明亮的绿色谱线，这些谱线，绝对不和已知元素的谱线重合！亲爱的读者们，你猜到这意味着什么吗？

拉姆塞和特拉弗斯在1898年5月30日，把他们新发现的气体命名为Krypton（氪），意即隐藏的意思。他们当晚测定了这种气体的密度、原子量，同时发现，这种惰性气体应排在溴和铷两元素之间。这正是拉姆塞预言过的。为此，他们一直工作到深夜，特拉弗斯竟把第二天他自己要举行的博士论文答辩都忘得一干二净。

但是他们更希望找到的是位于氦和氩之间的惰性元素。由于它原子量较小，所以一定会先挥发出来。拉姆塞和特拉弗斯就用减压法分馏残留空气，收集了从氩气中首先挥发出的部分。他们发现，这种轻的部分，"具有极壮丽的光谱，带着许多条红线，许多淡绿线，还有几条紫线，黄线非常明显，在高度真空下，依旧显著，而且呈现着磷光"。他们深信，又发现了一种新的气体，特拉弗斯说："由管中发出的深红色强光，已叙述了它自己的身世，凡看过这种景象的人，永远也不会忘记，过去两年的努力，以及将来在全部研究完成以前所必须克服的一切困难，都不算什么。这种未经前人发现的新气体，是以喜剧般的形式出现的，至于这种气体的实际光谱如何，目前尚无关紧要，因为我们就要看到，世界上没有别的东西，能比它发出更强烈的光来。"

拉姆塞有个 13 岁的儿子名叫威利，他曾向父亲说："这种新气体您打算怎么称呼它，我倒喜欢用 novum 这个词。"拉姆塞赞成他儿子的提议，但他认为不如改用同义的词 neon（氖），这样读起来更好听。这样，1898 年 6 月，新发现的气体氖就确定了名称，它含有"新奇"的意思，以后氖成了霓虹灯的重要材料。

1898 年 7 月 12 日，由于他们有了自己的空气液化机，从而制备了大量的氪和氖，把氪反复分次萃取，又分离出一种气体，命名为 xenon（氙），含有"陌生人"的意思，它的光谱是美丽的蓝色强光。

从液态空气中连续分离出了氖、氩、氪、氙四种惰性气体元素，拉姆塞更加相信空气中也含有氦，他要从空气中再次发现氦。氦的原子量小，又是单原子气体——现在我们知道在所有气体中它的沸点最低，怎样液化它呢？当时已知液态氢的沸点最低，他们就将从液态空气中最先挥发出的氖压缩到一只管子里，再将管中的高压气体放入液态氢中强冷。氖在这种低温下竟成了固体，而氦仍是气体。氦终于从空气中分离出来了！这个"太阳元素"1868 年在日珥的光谱中首次出现时，是那样的遥远和辉煌！27 年后它从地球上的沥青铀矿中挥发了出来。到了1898 年，拉姆塞又证实它就存在于我们每时每刻呼吸的空气中。

探索化学的奥秘 TANSUO HUAXUE DE AOMI

在不到一年的时间里，拉姆塞师徒俩艰辛地处理了120吨的液态空气，找到了预言的三种惰性气体元素，使零族元素发展为五种，进一步完善了元素周期表。这在化学史上写下了极为光辉的一页。1904年的诺贝尔物理学奖授予瑞利，同时诺贝尔化学奖授予拉姆塞。同年的两项诺贝尔奖纪念同一项伟大的发现，可见发现惰性气体元素的意义。

拉姆塞晚年，从事放射学的研究，他在这方面的贡献也很大。他还最早提出化合价的电子理论。他一生著作很多，如《近代理论与系统化学》、《大气中的气体》、《现代化学》、《元素与电子》、《传记与化学论文集》等。

1916年7月23日拉姆塞病逝，享年64岁。著名科学家威廉·汤姆生在评述拉姆塞的伟大发现时指出："大部分学者认为科学的想象力更胜于精确的量度。其实，瑞利和拉姆塞的工作证明：一切科学上的伟大发现，几乎完全来自精确的量度和从大量错误数据中明察秋毫。拉姆塞的理论思维能力与动手能力都很强，他把发现的氦、氖、氩、氪和氙等气体，作为一族，完整地插入了化学元素周期表中，使化学元素周期表更加完善，他的这一工作，比每一个单独元素的发现都更为重要。"

拉姆塞的名言是："多看、多学、多试验，如取得成果，绝不炫耀。学习和研究中要顽强努力，一个人如果怕费时、怕费事，则将一事无成。"

第三节　食物中的化学

一、油条里的化学

油条是我国人民生活中非常常见的一种食品，它价格低廉、香脆可口，深受老百姓的喜爱。在古代油条叫做"寒具"。当你吃到香脆可口的油条时，知道油条在制作过程中的化学知识吗？

制作油条，首先要发面，即用鲜酵母或老面（酵面）与面粉一起加

水揉，使面粉发酵到一定程度后，再加入适量纯碱、食盐和明矾进行揉，然后切成厚 1 厘米、长 10 厘米左右的条状物，把每两条上下叠好，用窄木条在中间一压，旋转后拉长放入热油锅里去炸，使其膨胀成一根又松、又脆、又黄、又香的油条。

在发酵过程中，由于酵母菌在面团里繁殖分泌酵素（主要是分泌糖化酶和酒化酶），使一小部分淀粉变成葡萄糖，又由葡萄糖变成乙醇，并产生二氧化碳气体，同时，还会产生出一些有机酸类，这些有机酸与乙醇作用呢就可以生成有香味的酯类。

反应产生的二氧化碳气体使面团产生许多小孔并且膨胀起来。有机酸的存在，就会使面团有酸味，加入纯碱，就是要把多余的有机酸中和掉，并且能产生二氧化碳气体，使面团进一步膨胀；同时，纯碱溶于水，发生水解，后经热油锅一炸，有二氧化碳生成，使炸出的油条更加蓬松、酥脆。

有人说在炸油条时剩下的氢氧化钠属于强碱，为何吃起来会可口呢？其奥妙就在这里。当面团里出现游离的氢氧化钠时，原料中的明矾就立即和它发生了反应，使游离的氢氧化钠变成了氢氧化铝。氢氧化铝的凝胶液或干燥凝胶，在医药上用作抗酸药，能中和胃酸、保护溃疡面，用于治疗胃酸过多症、胃溃疡和十二指肠溃疡等症。常见胃药"胃舒平"其主要成分就是氢氧化铝，因此，有的中医处方中谈到：油条对胃酸有抑制作用，并且对某些胃病有的一定的疗效。

二、甜味食品

很多人都喜欢甜的东西，甜味是与糖联系着的。蔗糖、葡萄糖、麦芽糖是大家熟悉的糖，它们不仅味道甜，而且还是供应人体能量的物质。蜂蜜中含有果糖和葡萄糖，果糖是最甜的糖，果糖、蔗糖与葡萄糖的甜味的比例，根据实验测定是 9：5：4。

是不是所有的糖都有甜味呢？不是。例如，牛奶中有 4% 的乳糖，乳糖是没有甜味的糖。反过来说，是不是有甜味的都是糖呢？也不能这样说，例如乙二醇、甘油虽有甜味，但都不是糖。

那么，糖应该如何定义呢？在化学上一般把多羟基醛或多羟基酮或水解后能变成以上两者之一的有机化合物称为糖，这种定义就与甜味没有必然的联系了。作为一种甜味物质，人们经常食用的是白糖、红糖和冰糖。制糖方法并不复杂，把甘蔗或甜菜压出汁，滤去杂质，再往滤液中加适量的石灰水，中和其中所含的酸，再过滤，除去沉淀，将二氧化碳通入滤液，使石灰水沉淀成碳酸钙，再重复过滤，所得滤液就是蔗糖的水溶液了。将蔗糖水溶液放在真空器里减压蒸发、浓缩、冷却，就有红棕色略带黏性的结晶物析出，这就是红糖。想制造白糖，须将红糖溶于水，加入适量的骨碳或活性炭，将红糖水中有色物质吸附，再过滤，加热、浓缩、冷却滤液，一种白色晶体——白糖就出现了。白糖比红糖纯得多，但仍含一些水分，再把白糖加热至适当温度除去水分，就得到无色透明的块状大晶体——冰糖。可见，冰糖的纯度最高，也最甜。

说起甜味物质，人们很自然想到糖精，糖精并非"糖之精华"，它不是从糖里提炼出来的，而是以又黑又臭的煤焦油为基本原料制成的。糖精没有营养价值，少量糖精对人体无害，但食用糖精过量对人体有害，所以糖精可以食用，但不可多用。

蔗糖是含有最高热值的碳水化合物，过量摄入会引起肥胖、动脉硬化、高血压、糖尿病以及龋齿等疾病。

第四节　奇妙的水果"味"

自然界的水果有很多的颜色，它们以浓郁馨香和酸甜可口的味道惹人喜爱。

如果有人问："水果为什么有香、酸、涩、甜等味道？"你能回答出来吗？

香——在水果这个"小王国"里，藏着许多芳香物质，这些芳香物质从水果里钻出来，就使水果散发出迷人的香气。例如，苹果能挥发出

丁醇等 100 多种芳香物质，香蕉能挥发出乙酸异戊酯等 200 多种芳香物质。

酸——青绿未熟的水果，吃起来酸溜溜的。这是因为它们含有大量的果酸。例如，苹果、梨、桃中含有很多苹果酸，甜橙、柑橘中含有大量的柠檬酸，葡萄中含有大量酒石酸。随着水果的成熟和经过较长时间的贮存，有些酸会发生分解，因而酸味逐渐减轻。

涩——青绿未熟的柿子、李子、香蕉，吃起来并不酸，而是使舌头麻酥酥的，特别是果皮，这是单宁酸和鞣酸在作怪。单宁物质刺激人的味觉，便产生了强烈的涩味。水果成熟后，单宁物质与其他挥发物质结合成不溶性物质，涩味便消失了。

甜——水果的甜味是糖类引起来的。其中主要是蔗糖、果糖和葡萄糖。一种水果一般以含一种糖为主。例如柑橘和葡萄主要含葡萄糖，芒果和菠萝主要含蔗糖，无花果和枇杷主要含果糖。

另外，水果中还含有大量的维生素和矿物质，是开胃健脾的好食品。水果糖并不全是水果做的。

当你吃着各种各样的水果糖时，也许会以为，它们真是在糖中加进了苹果、香蕉、菠萝、杨梅、梨、橘子、杏仁等水果制成的吧。

其实不然。

如果有机会去参观一下糖果厂，那么，你就会发现，那里连水果的影子都看不到，原来制造水果糖时，只在糖中加进了一些具有各种水果味的香精罢了。加在水果糖里的香料大多数是一些酯类化合物，比如乙酸异戊脂具有梨香味，丁酸乙酯具有菠萝的香味，丁酸戊酯具有香蕉的香味。将这些香料加入糖果中，就制出各具不同香味的水果糖了。

第五节　生活中的化学

一、自己动手腌制"松花"蛋

"松花"蛋又称皮蛋，腌制成的皮蛋在蛋清里常常出现朵朵"松花",因而得此美名。皮蛋是一道十分美味的佳肴。由于皮蛋碱性较强,因此食用时常佐以醋、酱油、味精、糖和鲜姜等,使其味道更加鲜美。

腌制皮蛋的化学配方有多种,传统的方法是将灰料敷在鲜蛋外,灰料的主要原料一般都包括生石灰(CaO)、纯碱(Na_2CO_3)以及草木灰(主要成分为 K_2CO_3)。当用水调制灰料时,其中的生石灰先与水作用生成熟石灰:$CaO+H_2O = Ca(OH)_2$,然后熟石灰又分别与纯碱及草木灰中的碳酸钾发生复分解反应,生成氢氧化钠和氢氧化钾:

$$Ca(OH)_2+Na_2CO_3 = CaCO_3\downarrow+2NaOH$$

$$Ca(OH)_2+K_2CO_3 = CaCO_3\downarrow+2KOH$$

氢氧化钠和氢氧化钾都是强碱,当它们经蛋壳渗入鲜蛋后便与其中的蛋白质作用,致使蛋白质分解、凝固并放出少量的硫化氢(H_2S)气体。同时,渗入的碱还会与由蛋白质分解出的氨基酸发生中和反应,生成盐的晶体沉积在凝胶状的皮蛋蛋清中,便出现朵朵白色的"松花"。而 H_2S 气体则与蛋清和蛋黄中的矿物质作用生成各种硫化物,于是蛋清、蛋黄的颜色则发生改变。

腌制皮蛋可以不用灰料涂抹在鲜蛋上,直接用液体腌制也可达到同样的效果。配方如下:

NaOH 6 克、NaCl 10 克、Ca(OH)259 克、茶叶 5 克、H_2O_2 10 毫升,你不妨动手试一试。

二、催熟水果

家里如果有青香蕉、绿橘子等尚未完全成熟的水果,要想把它们尽快催熟而又没有乙烯,该怎么办呢?可以把青香蕉等生水果和熟苹果等成熟的水果放在同一个塑料袋里,这样,不出几天青香蕉就可以变黄、成熟。这是因为,水果在成熟的过程中,自身就能放出乙烯气体,利用成熟水果放出的乙烯可以催熟生的水果。

三、氯化钠与人体健康

食盐的主要成分是氯化钠,是人们生活中的一种常用调味品,但是

它的作用不仅仅是增加食物的味道，它还是人体组织中的一种基本成分，对保证体内正常的生理、生化活动和功能，起着重要作用。Na^+ 和 Cl^- 在体内的作用是与钾离子等元素相互联系在一起的，错综复杂。其最主要的作用是控制细胞、组织液和血液内的电解质平衡，以保持体液的正常流通和控制体内的酸碱平衡。Na^+ 与 K^+、Ca^{2+}、Mg^{2+} 还有助于保持神经和肌肉的适当应激水平；$NaCl$ 和 KCl 对调节血液的适当黏度或稠度起作用；胃里开始消化某些食物的酸和其他胃液、胰液及胆汁里的助消化的化合物，也是由血液里的钠盐和钾盐形成的。此外，适当浓度的 Na^+、K^+ 和 Cl^- 对于视网膜对光反应的生理过程也起着重要作用。可见，人体的许多重要功能都与 Na^+、Cl^- 和 K^+ 有关，体内任何一种离子的不平衡（多或少），都会对身体产生不利影响。如运动过度，出汗太多时，体内的 Na^+、Cl^- 和 K^+ 大为降低，就会出现不平衡，使肌肉和神经反应受到影响，导致恶心、呕吐、衰竭和肌肉痉挛等现象。因此，运动员在训练或比赛前后，需喝特别配制的饮料，以补充失去的盐分。

由于新陈代谢，人体内每天都有一定量的 Na^+、Cl^- 和 K^+ 从各种途径排出体外，因此需要膳食给予补充，正常成人每天氯化钠的需要量和排出量大约为 3～9 克。

此外，常用淡盐水漱口，不仅对咽喉疼痛、牙龈肿疼等口腔疾病有治疗和预防作用，还具有预防感冒的作用。

需要注意的是，现代人为追求美味和精致食物的趋势，饮食里摄入大量的钠盐，钠太多就会造成钾不足。钾有降血压、保护血管壁的功能，因此，专家认为低钠盐最适合健康人食用。

对高血压和有老人的家庭，低钠盐是蛮好的选择，高血压和老人如减少盐（钠盐）的摄取，血压可以下降。

研究显示，发现若有专业人员作营养指导，饮食中减少钠的摄取量，可以明显降低中老年人日后因为中风和心脏病死亡的危险。

但是专家提醒不能因低钠盐有好处就不节制的食用，肾脏病人不可以吃低钠盐，因为低钠盐是以钾取代钠，钾不能有效排出体外，堆积在体内会造成高血钾，容易造成心律不齐，心衰竭的危险。

四、厨房需知

洗菜淘米是厨房的第一道工序。洗菜时有水的冲刷作用，也有溶解作用。有人把菜放在盆里用水冲，既浪费水，效果也不好。因为，有一些泥沙还留在盆里，又沾回到菜叶上。比较好的办法，是把菜放在水盆里洗净，拿出来沥干，再换清水洗。

把菜切碎后再洗，和洗净后再切，是不是一样呢？不一样。绿色、黄色蔬菜的汁液里，含有宝贵的维生素和矿物质等营养成分。它们中不少很容易溶解在水里。菜切碎了再洗，会损失掉许多营养成分，而且污物沾染到切口上，更难洗干净。所以，蔬菜要洗干净再切。

淘米，究竟多搓洗好，还是少搓洗好？

米的外表皮含有丰富的维生素 B_1（人缺少它会得脚气病）和人体必需的矿物质。从这个角度看，淘米搓洗的次数太多，就会损失一些营养成分，应该少淘几遍。

可是，久存的米表面上可能生长一种黄曲霉菌，它分泌致癌的毒素，淘米能减轻黄曲霉菌素的污染。权衡利弊，淘米还是不可马虎，多搓洗几遍为好。

五、卤水点豆腐中的化学

在豆腐坊中经常有这样的情形：人们总是用水把黄豆浸胀，磨成豆浆，煮沸，然后进行点卤——往豆浆里加入盐卤。这时，就有许多白花花的东西析出来，一过滤，就制成了豆腐。

盐卤既然喝不得，为什么做豆腐却要用盐卤呢？

原来，黄豆最主要的化学成分是蛋白质。蛋白质是由氨基酸所组成的高分子化合物，在蛋白质的表面上带有自由的羧基和氨基。由于这些基对水的作用，使蛋白质颗粒表面形成一层带有相同电荷的水膜的胶体

物质，使颗粒相互隔离，不会因碰撞而黏结下沉。

点卤时，由于盐卤是电解质，它们在水里会分成许多带电的小颗粒——正离子与负离子，由于这些离子的水化作用而夺取了蛋白质的水膜，以致没有足够的水来溶解蛋白质。另外，盐的正负离子抑制了由于蛋白质表面所带电荷而引起的斥力，这样使蛋白质的溶解度降低，而颗粒相互凝聚成沉淀。这时，豆浆里就出现了许多白花花的东西了。

盐卤里有许多电解质，主要是钙、镁等金属离子，它们会使人体内的蛋白质凝固，所以人如果多喝了盐卤，就会有生命危险。

豆腐作坊里有时不用盐卤点卤，而是用石膏点卤，道理也一样。

六、铜器生锈怎么办

铜器在空气中放久了会生锈，这是因为铜在潮湿的空气中会被氧化成黑色的氧化铜，铜器表面的氧化铜继续与空气中的二氧化碳作用，生成一层绿色的碱式碳酸铜 $CuCO_3 \cdot Cu(OH)_2$。

铜还会与空气中的硫化氢发生作用，生成黑色的硫化铜。用蘸浓氨水的棉花擦洗发暗的铜器的表面，就立刻会发亮。因为用浓氨水擦洗铜器的表面，氧化铜、碱式碳酸铜和硫化铜都会转变成可溶性的铜氨络合物而被除去。或者用醋酸擦洗，把表面上的污物转化为可溶性的醋酸铜，但这效果不如前者好，洗后再用清水洗净铜器，铜器就又亮了。

七、银器发暗该如何清除

银器发暗是因为银和空气中的硫化氢作用生成黑色的硫化银（Ag_2S）的结果。如果想使银变亮，须用洗衣粉先洗去表面的油污，把它和铝片放在一起，放入碳酸钠溶液中煮，到银器恢复银白色，取出银器，用水洗净后可看到光亮如新的银器表面。反应的化学方程式如下：

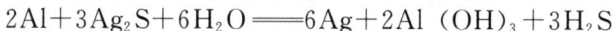

$$2Al + 3Ag_2S + 6H_2O = 6Ag + 2Al(OH)_3 + 3H_2S$$

八、塑料和有机玻璃的黏合剂

塑料制品是生活中常用的物品，但是塑料制品容易损伤，这时我们该怎么办呢？通常的塑料制品有二类，一类是聚氯乙烯做的，这类较硬较脆；另一类是聚乙烯做的，产品较软。有机玻璃是由甲基丙烯酸甲酯聚合而成的。聚氯乙烯最好的溶剂是四氢呋喃。有机玻璃的溶剂可用三氯甲烷（氯仿），二氯乙烷和丙酮。黏合时，可以直接用这些溶剂把塑料或有机玻璃黏合起来，或者把少量的塑料或有机玻璃溶于溶剂中，作成粘合剂，效果更佳。

九、"水垢"的除法

除"水垢"可用很稀的盐酸和醋酸刷洗，然后立即倒掉酸液，并用清水洗净。

十、甘油的润肤作用绝对吗

许多人都知道，珍珠霜中含有甘油，甘油的作用是吸收空气中的水分，使皮肤保持湿润，那么，纯甘油能否直接涂到皮肤上来润肤呢？不行，因为纯甘油若直接涂在皮肤上，它除了能吸取空气中的水分外，还将皮肤组织中的水分也吸出来，强果会使皮肤更加干燥甚至灼伤。因此买甘油时，一定要先问清是纯甘油还是含水甘油，若是纯甘油尚须加入20％的水才能用以润肤。

十一、铁刀削水果后为什么会变黑

这是因为水果中含有一种有机化合物鞣酸，鞣酸遇上铁质或其他重金属以后，就会发生化学反应生成黑色的难溶于水的鞣酸铁或其他鞣酸盐，于是刀与水果接触过的地方就变黑了。少量鞣酸盐对人类无害，因此不必在意。但不能用手帕去擦小刀，因为鞣酸铁不溶于水，手帕中的黑色就洗不掉。欲把手帕中的黑色污渍除去，应用稀草酸溶液擦拭，后

用水洗，才会干净。

十二、煎药的学问

煎药应该用瓦罐或陶瓷罐，而不能用铁锅、铝锅等金属锅，这是为什么？首先，瓦罐传热较慢，可以让有效成分在药液熬干之前熬出；另外，也是为避免药物中的成分与金属锅发生反应，产生毒素或降低药效，还会腐蚀锅。煎药时还有一学问，就是采用淡水。因为水中若含有较多的盐分和钙、镁等离子，水中的盐分会跟中药成分反应生成不溶于水的盐类，而用淡水，就可减少这二者带来的损失了。

十三、哈哈镜

当我们站在哈哈镜前，镜子里我们的样子就变得很滑稽。其实在家里就有哈哈镜。如果你对着暖水瓶瓶胆的脖颈部分照，也会看到哈哈镜里那种引人发笑的相貌。那是因为镜面凹凸不平，不能平行地反射光线。由于反射的光线有了偏差，反映到我们的眼睛里就不是原来的模样了。我们到百货商店买镜子，首先挑玻璃厚薄均匀，镜面平整的。像哈哈镜那样的镜子，怎么能用呢？

说起镜子，也有它的历史。在3000多年前，我们的祖先就开始使用青铜镜子。那是将青铜铸成圆盘，打磨得又平整又光洁做成的。这种青铜镜照出来的人影，并不明亮，它还会生锈，必须经常磨光。不过，在没有玻璃镜子的时代，还只能使用它哩。

在300多年前，玻璃镜子出世了。将亮闪闪的锡箔贴在玻璃面上，然后倒上水银。水银是液态金属，它能够溶解锡，变成黏稠的银白色液体，紧紧地贴在玻璃板上。玻璃镜比青铜镜前进了一大步，很受欢迎，一时竟成了王公贵族竞相购买的宝物。当时只有威尼斯的工场会制作这种新式的玻璃镜，欧洲各国都去购买，财富像海潮一般涌向威尼斯。镜子工场被集中到穆拉诺岛上，四周设岗加哨，严密地封锁起来。后来法国政府用重金收买了四名威尼斯镜子工匠，将他们秘密偷渡出国境。从此，水银玻璃镜的奥秘才公开出来，它的身价也就不那么高贵了。

不过，涂水银的镜子反射光线的能力还不很强，制作费时，水银又有毒，所以后来被淘汰了。现在的镜子，背面是薄薄的一层银。这一层银不是涂上去的，也不用电镀，它是靠化学上的"银镜反应"涂上去的。在硝酸银的氨水溶液里加进葡萄糖水，葡萄糖把看不见的银离子还原成银微粒，沉积在玻璃上做成银镜，最后再刷上一层漆就行了。

但是近年来，百货商店里已有不少镜子是背面镀铝的。铝是银白色亮闪闪的金属，比贵重的银便宜得多。制造铝镜，是在真空中使铝蒸发，铝蒸气凝结在玻璃面上，成为一层薄薄的铝膜，光彩照人。

十四、垃圾工厂

生活中我们不用的物品会被收废品的人收走，但是它们的最终归宿是什么呢？

生活中有许多废旧无用的东西：旧书报、牙膏皮、旧电池、废钢铁、碎玻璃、骨头……积攒起来交给废品收购站，还是一笔巨大的物质财富呢！废钢铁制品可以回炉炼钢，10吨废钢铁可以炼出9吨好钢。有趣的是，炼优质钢还必须在原料里掺一点废钢铁呢！纸上写满了字，撕碎了，纸里的植物纤维仍然存在。送进造纸厂，打成纸浆，经过化学漂白，雪白的、平展展的纸又出现在你的面前。10吨废纸，能造出8吨新纸。各种碎玻璃投入玻璃熔融池熔化后，可以重新吹制成各式各样的玻璃制品。

塑料凉鞋老化后，变硬，开裂，不能再穿了。可是，塑料并没有消失。把各种废塑料按照化学成分分门别类以后，只要是热塑性的塑料，如聚乙烯、聚氯乙烯等，加些增塑剂、抗氧化剂和颜料，再熔化均匀，崭新的塑料制品又生产出来了。10吨废塑料，可以生产塑料凉鞋两万双。牙膏皮是铝做的，连同废铝壳、破铝锅，一股脑儿送进熔铝炉窑里，能回收大量的铝，损耗极少，而且所需的能量只有炼铝的5％。吃肉剩下的骨头，也有它的用处。在骨胶工厂里，用大锅熬炼骨头，飘在水面上的是骨油——可以做油脂和肥皂，熬稠了的汤水里有骨胶——做墨汁、粘接木板都用得着，最后剩余的残渣，粉碎以后是优质的磷肥（骨头的主要成分是磷酸钙），撒在田里，庄稼会多结穗，果树将硕果累累。

有的废品站还上门为工厂、商店从废液、废渣里回收贵重金属。照相馆、电影制片厂排放的废定影液里，含有宝贵的银。怎样才能拿到它呢？加进硫化钠饱和溶液，废水里的银离子变成黑色的硫化银粉末，沉淀下来成为"银泥"。这黑漆漆的银泥经过灼烧，加硝酸溶解，得到银结晶，再在电解池里还原为银。近来，国外涌现出一批垃圾工厂。它的原料是垃圾，产品是纸张、塑料、各种金属。生活中越来越多的垃圾占用土地，污染环境，着实令人恼火。垃圾工厂首先用扬风机把废纸、塑料薄膜等轻质垃圾吹送出来，浸泡在水池里，废纸变成纸浆，流进造纸机；塑料薄膜筛滤下来，送往塑料回收熔炉。

垃圾经过强大的电磁铁，废钢铁被吸引住，玻璃和铝通过去……

无法利用的垃圾最后作为燃料，贡献出热量，化为高压蒸汽和电力，烧剩的废渣用来填整洼地，而且有较大的肥力。

现今，西方的垃圾处理事业日益发达。垃圾公司一个接一个建立起来，和银行、汽车公司、石油企业差不多同等重要。

十五、不怕海水的洗衣粉

什么样的洗涤剂在海水中不出"豆腐渣"，什么样的洗涤剂不用油脂做原料呢？它们是以洗衣粉为代表的合成洗涤剂。100多年前，有人偶然发现蓖麻油和硫酸作用后，得到一种"土耳其红油"。用它洗衣服，在海水里照样好使，不会生成叫人讨厌的"豆腐渣"。这件事启发了科学家，随着石油化学工业的发展，科学家们利用炼油副产品和苯、氯气、硫酸、氢氧化钠等为原料，用人工方法合成了上百种洗涤剂。

合成洗涤剂和肥皂一样，也具有"双重性格"——既亲油又亲水。但是，它没有肥皂的缺点，在各种水中都保持良好的去污能力，而且不需要使用宝贵的油脂作为原料了。如今，甚至肥皂的原料也改用由炼油副产品氧化得来的脂肪酸了，肥皂也可以改名为"合成肥皂"啦！合成洗涤剂除了固体的洗衣粉，还有液体的洗洁精、洗净剂等。有些洗涤剂中添加了荧光增白剂，可以让白颜色的衣物更洁白，花色衣服的颜色更鲜艳；还有一些无泡或少泡洗涤剂，适合在洗衣机、洗碗机里使用。但是、洗涤剂洗不净衣服上的汗斑、奶渍和血迹。原因是，这些污渍里的蛋白质是大个的高分子，与纤维胶结得非常紧密，很难拆散。有一种叫做碱性蛋白酶的生物催化剂，它能"消化"顽固的蛋白质污垢，将大个的蛋白质分子拆开，变成能够溶解在水里的小分子。科学家把它掺在洗涤剂里，做成"加酶洗衣粉"，让洗衣粉增添了"消化"蛋白质污垢的本领，洗起衣服来去污效果特别好。不过，碱性蛋白酶需要适宜的温度才能大显身手。它在50℃时最活跃，"消化"蛋白质的能力最强，热到摄氏七八十度以上就失效了。因此，在加酶洗衣粉的说明书上特别标明：切忌用沸水冲溶！合成洗涤剂也有它的坏处！有很多洗涤剂含有磷，化肥中有一种磷肥。当生活中的污水到入江湖中时，使得水中的"化肥元素"多起来，这就使水中的各种藻类多起来，从而水中的氧气少了，鱼也就死了！这也是赤潮的危害！

十六、不锈钢炊具

不锈钢炊具，因美观耐用而备受人们青睐。它是由碳钢加入铬等微量元素制成的，一般认为，不锈钢具有较强的耐腐蚀作用，但若长期盛放酸性食物，不锈钢中的铬元素也会渗进食物，在人体内慢慢积蓄，致人中毒。因此不要用不锈钢炊具长时间存放酸性食物，也不宜用苏打、漂白粉等化学物质来洗涤。切不可用不锈钢锅煎中药。因为中药含有多种生物碱、有机碱等成分，容易与不锈钢产生化学反应而使药物失效，

甚至生成某些毒性更大的化合物。

十七、铝锅

铝锅具有轻便、耐用、加热快、不生锈的优点。但不宜用来烧煮酸性或碱性食物，以及过咸的食物，否则，炊具中的铝会大量溶出污染食物。大量研究表明，铝摄入过多会加速人的衰老，而且，铝还是致发老年痴呆的祸根。

十八、搪瓷炊具

搪瓷炊具的彩釉中含有多种重金属元素，铅便是其中主要成分之一。因此，不可用搪瓷炊具长期盛放酸性食物和饮料，以免铅离子溶出而危害人体健康。同时，使用搪瓷锅具时，不要把锅底烧红，以防炸裂。

十九、铁锅

铁锅是我国特有的古老炊具，在酸性条件下，可溶出铁，破坏新鲜蔬菜中维生素C，而溶解出的少量铁，也可被人体吸收利用，是一种廉价的补铁剂。用铁锅炒菜时，要急火快炒，少加水，以减少菜中维生素的损失。铁锅易生锈，故不能盛菜汤过夜。

二十、砂锅

砂锅是我国家庭的传统炊具，由于其导热性差、散热性也差，故特别适用于炖肉、煲汤及煎中药。砂锅的瓷釉中含有少量铅，故新买的砂锅，最好先用4%食醋水浸泡煮沸，这样可去掉大部分有害物质。砂锅内壁有色彩的，不宜存放酒、醋及酸性饮料和食物。

二十一、如何鉴别衣料

许多人在购置一块衣料或者新衣服以后都很想知道它是什么类型的

纺织品，其实这并不难。只要在衣料角上各抽几条经纬线，用火柴点燃并观察其灰烬、闻其气味就可以正确判断。

如果布料的纤维在点燃后会边熔融边徐徐燃烧，灰烬以呈亮棕色硬玻璃状并有呛鼻子的特殊气味放出，便可确认是锦纶（尼龙）织品。因为锦纶的化学成分是聚酰胺，其灰烬为亮棕色硬玻璃状，受热后又会分解放出特殊的氨化物气体，是这种化学成分固有的性质。

对苯二甲酸乙二酯在燃烧时会冒黑烟，灰烬呈黑褐色玻璃球状，同时又会分解放出具有芳香烃气味的气体。"的确良"的化学成分是聚酯，主要是对苯二甲酸乙二酯，所以布料的经纬线燃烧会产生上述现象时便可确认是"的确良"制品。

如果布料的纤维燃烧后无灰烬而燃烧残留部分呈透明球状，同时又会出现一股明显的石蜡燃烧气味，则是聚丙烯特有的性质。因此即可证实布料是以聚丙烯为原料的丙纶织品。

聚氯乙烯燃烧的特征是：先收缩熔融，难以点燃，灰烬呈不规则块状并放出的刺激性气味的氯气。布料纤维燃烧出现上述现象便可确认是由聚氯乙烯为主要成分的氯纶织品。

棉布是天然纤维织品，这类织品的经纬线被点燃时易燃，灰烬呈灰色且量少、质软，并有燃烧纸的那种味道。

毛织品纤维在燃烧时呈熔化收缩状，燃烧缓慢，灰烬呈黑色且具脆性，同时燃烧时又会放出一股较为强烈的烧焦羽毛似的气味，则是所有毛织品的特色。

二十二、洗衣皂、香皂、药皂

肥皂有三类：洗衣皂、药皂、香皂。从制造的原料和生产原理来看是相同的，都是利用动物油、植物油和碱为原料经皂化反应制成的。

香皂和洗衣皂的不同点，是对原料的要求不同。生产洗衣皂是各种动、植物油和氢化油，一般不用经过复杂的精制处理，为了降低成本，在配方中往往还加入肥皂总量的 10%～20% 的松香。生产香皂是牛油、羊油和椰子油，制皂以前要特别经过碱炼、脱色、脱臭的精制处理，使之成为无色、无臭的纯净油脂，在配方中只加少量的松香。洗衣皂的生产工艺更加简单，制造成本比香皂低得多；加工香皂的工序多，而且复杂。洗衣皂不加香精或只加少量便宜的香精，借以遮盖一部分不愉快的气味；香皂的芬芳气息，是因为在加工过程中加入了 $1\% \sim 1.5\%$ 的香精，有的高档的香皂加入的香精量更多。洗衣皂一般不加着色剂；香皂常加入着色剂，使它具有鲜艳的颜色，博得人们的喜爱。

药皂和洗衣皂的不同点，是药皂在皂基中加入了各种不同的药物，药物成分能使皂体发软，所以必须选用含高级脂肪酸的固体油脂作为皂基。药皂的种类很多，有治疗疥疮的硫黄皂，有具有消毒作用的硼酸皂、石炭酸皂等等。

洗衣皂由于含碱量高，因而只适于洗涤一般衣服用。香皂含碱量低，香气浓郁诱人，可用来洗澡、洗脸、洗发等。药皂杀菌力强，可以用来洗澡、洗手、洗涤病人衣服或做其他消毒性的洗涤之用，但是因为它们有刺激性，使用时应注意防止皂液渗入眼内。

二十三、高锰酸钾

高锰酸钾俗称灰锰氧，是一种有结晶光泽的紫黑色固体。高锰酸钾易溶于水，溶液呈鲜艳的紫红色。高锰酸钾水溶液能使细菌微生物组织因氧化而被破坏，因而它具有杀菌消毒作用。0.1％的高锰酸钾溶液可用来洗涤伤口，当然也可以用来消毒茶具和水果。使用高锰酸钾消毒水果、餐具等物品时，先将欲消毒物品放入高锰酸钾溶液中浸泡数分钟，然后用清水冲洗干净即可。

使用高锰酸钾溶液消毒时注意，溶液要现用现配，放置时间长了，消毒效果会降低，当溶液变为棕黄色时，它的效果就完全没有了。

二十四、警惕氢气球

氢气球并不是绝对安全的，近些年来，经常有各种关于氢气球爆炸造成伤害事故的报道。引起爆炸的原因有几种：（1）用打火机去烧系气球的牵绳；（2）鞭炮与氢气球"狭路相逢"；（3）哄抢气球中吸烟；（4）自制气球气罐爆炸；（5）广告气球逸出撞车爆炸等等。

据 1996 年 4 月 24 日《人民日报》载：1995 年 1 月 8 日浙江省台州市举行撤地建市招商会，会议在浙江省台州椒江电影城前的小广场举行。那天人山人海，还有 1800 多只色彩鲜艳的气球在空中飘动，会议的最后一个内容是放氢气气球，气球队由 40 多名中学生组成，每人手里拿着两束气球。由于开幕式时间长，一些拴气球的线缠到一起了，分也分不开。有位女同志就向旁人借来打火机，想烧断缠在一起的线。点火后，立即"啪"的一声，犹如闪电，随着第一只气球爆炸，空中便出现了一个火球，小广场顷刻间成为火海，温度高达 1000℃。据 1996 年 2 月 18 日的《中国环境报》报道，中学生们根本来不及作出任何反应，刹那间已面目全非：有的面部被烧黑了，有的头发眉毛被烧焦了，也有的因那耀眼的闪光而一时失明，不少人还被炸翻在地。广场上乱成一片，哭喊声、呼救声伴着一股焦味四起。连同维持秩序的警察、看热闹的群众，共有近百人被送进了医院。事后统计，受伤住院的 57 人中，二度烧伤者达 60%，数名重伤员甚至做了植皮手术。

事实上，在此之前，浙江省已发生过类似事故。1994 年 3 月 28 日，在绍兴中国轻纺城竣工开业典礼上，居然曾有人点燃打火机去"烧烧看"，结果受害最严重的是中学生。6 月 24 日，杭州市西湖区全民健身计划启动仪式在靠近西湖的杭州市少年宫广场举行，排在广场中间的大学生队、青年队、妇女队和军人队持气球。青年队中的一位想开个玩笑吓伙伴们一跳，竟掏出了打火机，要炸一个氢气球，可是气球的反应非常敏捷，一声巨响，500 只氢气球连锁爆炸，全场大乱。七八十人送去了当地医院，部分属一度烧伤的伤员转送到市里的整容医院等处治伤。

1995 年 9 月底一天，山东济南市商场的一只广告氢气球因泄气而

被风吹了下来，撞在一辆停着的面的上爆炸，一名小学生正巧路过被炸伤。

1997年10月27日上午8时，广州市第二公共汽车公司的一辆普通客车，行至广州北环高速公路"广氮"公司附近，车头突然与一个不知从何处飘来的氢气球相撞，氢气球立即爆炸。在爆炸气浪的冲击下，客车的玻璃全部碎裂，车辆部分扭曲，司机面部被严重灼伤，还有几名乘客受轻伤。据推测，氢气球可能是从某个单位庆祝活动中"逃逸"出来的。

因此，在使用氢气球过程中，一定要注意安全。

二十五、五彩缤纷的焰火

在新年中，绚丽多彩的焰火为我们呈现出一幅幅精美绝伦的瞬间，让我们流连忘返，这些美丽的焰火是怎样构成的呢？

焰火的结构分两部分：底部是普通的火药，它的作用是点燃后把焰火送上；顶端装有燃烧剂、助燃剂、发光剂和发色剂等。燃烧剂、助燃剂起引爆作用，使焰火燃烧得更充分。发光剂里含有铝粉和镁粉，这些金属粉末在燃烧时放出白炽的光芒，增添焰火的亮度。发色剂是整个焰火的灵魂，它含有各种金属盐类，这些金属盐类在高温下，会放射出各种不

焰火

同颜色的光芒，如钠盐发出黄光，锶盐发出红光，钡盐发出绿光，铜盐发出蓝光……焰火升空后，就是利用了不同金属盐类的氧化反应，才使节日之夜呈现出一片绚丽多彩的景象。

二十六、奇妙的笔

在我国古代，笔就有着十分重要的意义，而今，笔也是生活学习中不能离开的物品。笔有许多种。

1. 钢笔

笔头用各含 5％～10％ 的 Cr、Ni 合金组成的特种钢制成的笔。铬镍钢抗腐蚀性强，不易氧化，是一种不锈钢，在钢笔中一种是由笔头蘸墨水使用的叫蘸水钢笔；另一种是现在通用具有贮存墨水装置，写字时流到笔尖的自来水钢笔。钢笔的笔头是合金钢，钢笔头尖端是用机器轧出的便于使用的圆珠体。该种笔的抗腐蚀性能好，但耐磨性能欠佳。

2. 金笔

金笔是笔头用黄金的合金，笔尖用铱的合金制成的高级自来水笔。我国生产的金笔有两种，一是含 Au 58.33％、Ag 20.835％、Cu 20.835％，通常称之为 14K；一是含 Au 50％、Ag 25％、Cu 25％俗称五成金，亦称 12K。

金笔经久耐磨，书写流利、耐腐蚀性强、书写时弹性特别好，是一种很理想的硬笔。

3. 铱金笔

铱金笔的笔头也是用不锈钢制成的，为了改变钢笔头的耐磨性能，故在笔头尖端点上铱金粒为区别钢笔而叫铱金笔。该笔既有较好的耐腐蚀性和弹性，还有经济耐用的特点，深受广大消费者欢迎。是我国自来水笔中产量最多、销售最广的笔。

4. 圆珠笔

圆珠笔是用油墨配不同的颜料书写的一种笔。笔尖是个小钢珠，把小钢珠嵌入一个小圆柱体型铜制的碗内，后连接装有油墨的塑料管，油墨随钢珠转动由四周流下。该笔比一般钢笔坚固耐用，但如果使用保管不当，往往写不出字来，这主要是因干涸的油墨黏结在钢珠周围阻碍油墨流出的缘故。油墨是一种黏性油质，是用胡麻子油、合成松子油（主含萜烯醇类物质）、矿物油（分馏石油等矿物而得到的油质）、硬胶加入油烟等而调制成的。在使用圆珠笔时，不要在有油、有蜡的纸上写字，不然油、蜡嵌入钢珠沿边的铜碗内影响出油而写不出字来，还要避免笔的撞击、曝晒，不用时随手套好笔帽，以防止碰坏笔头、笔杆变型及笔芯漏油而污染物体。如遇天冷或久置未用。笔不出油时，可将笔头放入温水中浸泡片刻后再在纸上划动笔尖，即可写出字来。

5. 毛笔

我国远在 3000 多年前的商代就使用毛笔写字绘画，是古老而生命力极其旺盛的笔。毛笔因制作笔头的原料不同分为羊毫和狼毫两种。羊毫笔真正用山羊毛制作的不多，大多是用兔毛制成的，狼毫则是用鼬鼠（俗称黄鼠狼）尾巴上的毛制作而成的。羊毫质软、弹性柔弱，适用于写浑厚丰满或潇洒磅礴的字。而狼毫质硬、弹性较强，适应写挺拔刚劲或秀丽齐整的中小楷字，新买的毛笔笔尖上有胶，应用清水把笔毛浸开，将胶质洗净再蘸墨写字。写完字后洗净余墨，把笔毫理得圆拢挺直，套好笔帽放进笔筒。暂不用的毛笔应置于阴凉通风处，最好在靠近笔毛处放置卫生球以防虫蛀。

6. 粉笔

该笔是由硫酸钙的水合物（俗称生石膏）制成。也可加入各种颜料做成彩色粉笔。在制作过程中把生石膏加热到一定温度，使其部分脱水变成熟石膏，然后将热石膏加水搅拌成糊状（制彩色粉笔时加入颜料），灌入模型凝固而成。其主要反应为：

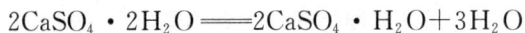

$$2CaSO_4 \cdot 2H_2O = 2CaSO_4 \cdot H_2O + 3H_2O$$

控制好温度，利用生、熟石膏的互变性质还可制造模型，塑像以及医用的石膏绷带等。

7. 电笔

电工的必需品，用于测量物体是否有电的一种笔。电笔的外形有的像钢笔、有的像圆珠笔、还有的像螺丝刀。不管外形如何，其构造其原理基本相同：其外壳多为塑料绝缘体，里面由金属导体、小灯泡和电阻丝组成。小灯泡中充有一种无色惰性气体（氖气）在电场激发下能产生透射力很强的红光，当物体带电时，用电笔测试氖泡发红，否则氖泡不亮。

另外，用滑石制成的——石笔；用高碳脂肪酸、高碳一元脂肪醇和各种颜料配制成的——彩色蜡笔；蜡纸用笔——铁笔；签字、写字用的——签字笔、水笔、美工笔；绘画用的——炭笔、水彩笔、绘画笔、油画笔、排笔；采用不同造型而制成的——太空笔、竹节笔、花瓶式笔等；笔壳用不同材料制成的——国漆笔，镀金，银笔，景泰蓝笔；以及美容化妆用的—眉笔、眼线笔、唇笔等等。

二十七、"军事四弹"与化学

"军事四弹"——烟幕弹、照明弹、燃烧弹、信号弹在军事上起了重要作用，但它们究竟是什么原理呢？

1. 烟幕弹

烟幕弹中装有白磷，当其引爆后，白磷会在空气中迅速燃烧：

$4P + 5O_2 \Longrightarrow 2P_2O_5$ 生成物 P_2O_5

后与空气中的水分以生化学反应：$P_2O_5 + H_2O \Longrightarrow 2HPO_3$（偏磷酸），$P_2O_5 + 3H_2O \Longrightarrow 2H_2PO_4$（磷酸），这些酸液微滴与一部分未发生反应的白色小颗粒状 P_2O_5 悬浮在空气中便形成了烟雾。

2. 照明弹

照明弹中通常装有铝、镁、硝酸钠和硝酸钠等物质，当引爆后，金属镁铝在空气中迅速燃烧，产生几千度高温，并放出含有紫外线的耀眼白光：$2Mg + O_2 \Longrightarrow 2MgO$，$4Al + 3O_2 \Longrightarrow 2Al_2O_3$，反应放出的热量使硝酸盐立即分解：$2NaNO_3 \Longrightarrow 2NaNO_2 + O_2 \uparrow$，$Ba(NO_3)_2 \Longrightarrow Ba(NO_2)_2 + O_2 \uparrow$，

产生的氧气又加速了镁、铝的燃烧反应，使照明弹更加夺目。

3. 燃烧弹

用一种黏合剂与汽油黏合成胶状物，可制成凝固汽油弹。有的凝固汽油弹里添加活泼的碱土金属。钾、钙和钡一遇水就激烈反应产生具可燃性、可爆物的氢气：$2K+2H_2O$ ====$2KOH+H_2\uparrow$ $Ba+2H_2O$ ====$Ba(OH)_2+H_2\uparrow$。这样就能发现和攻击对方的目标。

4. 信号弹

金属和它们的化合物在焰上的灼烧，火焰可呈各种颜色。军事上利用这一性质可用制造各种颜色的信号弹。例如锶的焰色反应呈洋红色，因此军事上用硝酸锶和碳酸锶制造红色信号弹。

二十八、肥皂去污的秘密

通常我们只要用肥皂洗脏衣服，污渍就会退去，为何肥皂可以去污呢？

因为普通的肥皂，它的主要成分是高级脂肪酸的钠盐和钾盐。这些盐的分子，一部分能溶于水，叫"亲水基"；另一部分却不溶于水，而溶于油，叫"亲油基"。当肥皂分子与油污分子相遇的时候，肥皂的亲水基溶于水，而亲油基则溶于油中。肥皂分子因为既有亲水又有亲油的两重性，所以就能使原来互不相溶的油和水联系起来。

油污等物被肥皂分子和水分子包围后，它们与衣服纤维间的附着力减小，一经搓洗，肥皂液就渗入不等量的空气，生成了大量泡沫。泡沫表面好像有一层紧张的薄膜，它既扩增了肥皂液的表面积，又使肥皂液更具有收缩力，通常把这种液面的收缩力叫做表面张力。在表面张力的作用下，衣服所沾有的油污灰尘等微粒，就容易脱离衣物，随水而去，这就是肥皂能去污的秘密。

二十九、漂亮的霓虹灯

当夜晚降临的时候，城市的街道就会形成一条条灯的长龙，许多建筑上都披上了五光十色的彩灯、霓虹灯，仿佛是美丽的仙境一般。霓虹灯不仅能放射出璀璨夺目的光彩，而且还能时隐时现，变换无穷，逗人喜爱。

霓虹灯是法国化学家克劳德在 1910 年发明的，它的英文原意是"氖灯"的意思。这是因为世界上第一盏霓虹灯是填充氖气制成的。

霓虹灯美，它的名字更美。氖是 1898 年被英国化学家拉姆塞发现的。他把这种气体密封在一条半真空的玻璃管中，在玻璃管的两端通上电源，原来没有任何颜色的玻璃管，却会放射出鲜艳可爱的红光来，世界上第一支霓虹灯也就这样诞生了。

氖的希腊文原意是"新"，"新"这个词的读音就是"霓虹"，"霓虹"两个字翻译得很美，又有表示彩色的意思。

用氖制成的霓虹灯是红色的，以后人们又陆续发明了紫色、绿色、白色……五颜六色的荧光粉，就有了各种颜色的霓虹灯。

正是这些五光十色的霓虹灯，把城市的夜晚装点得多姿多彩。

三十、手表里的"钻"

在机械手表的盘面上，我们可以看到"17 钻"或者"19 钻"等字样。这是表示，手表里有 17 粒或 19 粒钻石。钻石，原来是指金刚石，也就是金刚钻。后来，人们把其他一些坚硬的宝石也叫做钻石。国外生产的手表盘上标着"17Jewelsl"，"Jewel"就是宝石的意思。

手表的钻数越大，质量越好。一般的闹钟没有钻数，标明"5 钻"、"7 钻"的钟就是上好的品种了。钟表里为什么要用宝石呢？拆开钟表，你会看到它的"五脏六腑"是许多小齿轮。齿轮不停地转动，带动秒针、分针和时针准确地向前移动。支架齿轮的轴承必须经受住无数次的磨擦而很少损耗变形，才能保证钟表报时的准确。

这坚硬、耐磨的轴承是由人造红宝石做成的。钟表里有多少个这样的宝石轴承，就标明是多少钻。

自然界的宝石十分珍贵。它们都是在特殊的地质、压力和温度条件下生成的晶体，非常稀罕，又晶莹瑰丽，坚硬非凡。宝石之王——

金刚石，采掘起来非常困难，在矿区，往往要劈开两吨半岩石，才可能获得1克拉（嘿嘿克拉者，一植物也，其种子有一特性不多不少一克拉！即0.2克）金刚石。1979年全世界挖到的金刚石仅一千多万克拉，一辆卡车即可载走。名贵的金刚钻价值连城，成为稀罕的珍宝。金刚钻用在工业上，是无坚不摧的"切割手"。"没有金刚钻，莫揽瓷器活"，玻璃刀上有一小粒金刚石，切割玻璃全靠它。金刚石车刀削铁如泥，金刚石钻头钻探速度高，进尺深。闪烁着星光的红宝石和蓝宝石，也叫刚玉宝石。做手表需要的钻石越来越多，于是，人们在想：能不能搞人造宝石呢？要制造宝石，先得知道宝石的化学成分，红、蓝宝石的化学成分是极普通的三氧化二铝，我们脚下的泥土里就含有不少三氧化二铝，不过，红宝石、蓝宝石是纯净的三氧化二铝，微量的铬或铁钛使它显出漂亮的鲜红色或者蔚蓝色。于是，人们从铝矾土中提炼出纯净的三氧化二铝白色粉末，再将它放在高温单晶炉里熔融、结晶，同时掺进微量的铬盐或者铁钛，这样就得到了人造红宝石和蓝宝石。人造红宝石除了作手表里的"钻"，精密天平的刀口和电唱机里的唱针外，还是激光发生器的重要材料，它可以产生深红色的激光。激光的用处可大啦，激光手术刀、光雷达、光纤通信、激光钻孔……都离不开它。最古老的装饰品、稀世的珍宝竟成为工业产品、现代科技的重要角色。

三十一、"小太阳"里的"居民"

早在1965年春节，第一盏"人造小太阳"在上海南京路上海第一百货商店大楼顶上出现。它的功率高达2万瓦。每当夜幕降临，它大放光芒，然而它体积并不大，灯管只比普通日光灯长一倍。

"人造小太阳"就是高压长弧氙灯的俗称。高压长弧氙灯的主角，便是氙气。氙是一种无色的惰性气体，化学性质极不活泼，比同体积的空气重3倍。氙在电场的激发下，能射出类似于太阳光的连续光谱。高压长弧氙灯便是利用氙的这一特性制成的。氙灯是20世纪60年代才发展起来的新光源之一，这种灯的灯管是用耐高温、耐高压的石英管做成的。通电后，氙气受激发，射出强烈的白光。

高压长弧氙灯用途极为广泛。可用于电影摄影、舞台照明、放映、纺织和油漆工业照明。现在，城市里的广场，运动场都用它来照明。氙也大量被用来填充光电管和用在真空技术上。用氙制造的照相闪光灯，可以连续使用几千次，而普通的镁光灯，却只能使用一次。

随着科学技术的迅速发展，人们越来越深入地了解"氙"，从而把它应用在更多、更广泛的领域。

第六节　神奇的化学现象

一、无色墨水

有一种奇妙的墨水，没有颜色，像清水一样。用这种墨水来写字之前，用一支干净的毛笔蘸取药用碘酒，涂在白纸上，结果白纸就染上了紫褐色，把染上的紫褐色的纸晾干待用。

所谓奇妙墨水是一种叫硫代硫酸钠的浓溶液，带有5个结晶水的硫代硫酸钠晶体俗称海波，也有人叫它大苏打。硫代硫酸钠在照相、环境保护等方面有着重要的应用。

另用一支洗净的毛笔，蘸取上述硫代硫酸钠的浓溶液，在前面准备好的紫褐色纸上写字或绘图。你会很快发现，紫褐色的纸上竟留下了清晰而又十分别致的白色字或图画。

原来，硫代硫酸钠能与溶解在酒精里的紫褐色单质碘起化学反应，生成无色的硫酸钠和碘化钠溶液。这样紫褐色的碘最后就消失得无影无踪了，奇妙墨水的奥秘就在这里。

二、有趣的墨水

经常用蓝黑墨水写日记的人会发现，今天写的日记的字体都是蓝色

的，但是昨天写的却是带黑色的，这是怎么回事呢？

这是由于起了一场化学变化的结果，蓝黑墨水的主要成分是鞣酸亚铁。鞣酸亚铁既不是蓝色的，也不是黑色的，而是浅绿色的。当然，这样的墨水写起字来很不明显，于是，人们又往蓝黑墨水里加了一种蓝色的有机染料，这样，蓝黑墨水就呈蓝色了。

但是，当你把它写到纸上时，蓝黑墨水里的鞣酸亚铁就与空气中的氧气起化学作用，变成了鞣酸铁。鞣酸铁是一种黑色的沉淀，所以，昨天写的字迹就带黑色了。

你也许有这样一个习惯：把自来水笔往墨水瓶里一插，抽完墨水以后，忘掉了一件重要的事——把墨水瓶盖盖上。

这样，有两个坏处：第一，水分很快就会蒸发掉，墨水变得越来越少；第二，蓝黑墨水里的鞣酸亚铁与空气接触了，在瓶里变成鞣酸铁，就会产生沉淀，结果，墨水里出现了渣子，把自来水笔堵得连字都写不出来了。你有不盖墨水瓶盖的习惯吗？如果有的话，那就赶快改掉。

三、隐形字

在一些电视中，我们经常看到这样的镜头：间谍为了不泄露秘密，经常用"密信"的形式传递消息。这样的"密信"你也可以制造。

先配一小瓶 0.1 摩尔/升的氯化钴溶液，然后用蘸水钢笔或毛笔在吸水性较好的白纸上写好"密信"。氯化钴的稀溶液是浅粉红色的，所以把氯化钴溶液写在纸上，等纸干了以后，几乎看不出纸上有什么颜色。

现在你就可以把这封"密信"寄给你的朋友了，当然信封不能用隐形墨水写，你还是用蓝墨水写为好，否则这封信就寄不到了。

你的朋友收到信后，根据你们事先约定的方法，把信纸拿出来，放在火炉上烘烤，或者把信纸放在酒精灯火焰上微热一下，信纸上的六水氯化钴即脱水变成蓝色的氯化钴，上面就显出蓝色的"密信"。

你的朋友在看完信以后，只要往信纸上喷一点水雾，信纸上的蓝字又会消失，仍然可以使信的内容隐藏起来。

写密信还有其他的方法：

（1）用米汤写密信，然后用碘酒来显示，这是比较常用的方法。米汤的主要成分是淀粉，用它在纸上书写不会留痕迹，干燥后仍是白纸一张。如果在这张纸上涂上碘酒，由于淀粉遇碘会显示蓝色，随之就能显示出像墨水一样清晰的字迹来。

（2）准备信纸两张、圆珠笔一支、水一盆。先将一张纸浸入水中润湿，将另一张干燥的纸压在湿润的纸上，然后写上密件内容。这样，字迹就会印在下面的湿纸上。将纸晾干，上面的字随之消失。若将水重新浸入水中，字迹又出现了。

（3）用密写药水写出的字迹，需经曝光处理后才会显现出来。这种药水用硝酸银（$AgNO_3$）配制而成。这种药水写在纸上晾干无色。当用强光照射时，硝酸银会分解产生银颗粒，银颗粒呈黑色。因此会显出黑色字迹。

（4）准备榨汁机、蘸水钢笔、纸、半个柠檬、打火机。将柠檬榨出汁，用蘸水笔蘸柠檬汁在纸上写一段话。将写好的信凑近热源，我们会看到，柠檬汁受热后变黄，字迹渐渐显现出来。但要注意不要烤的太久，否则纸会起火。

四、使浊水变清的能手

变得混浊不清的水怎样才能变得清澈透明呢？用明矾就可以！

把明矾研碎成粉末状，放到水缸里搅拌几下，过一些时候，原来混浊不清的水，就可以变得十分清澈透明了。

首先，让我们先看看水为什么会混浊不清？这主要是因为水中有许多泥沙等污物在"游荡"。较大的泥沙粒子，在水中是呆不久的，很快就会沉淀下来。可是那些小的，已经小到成为"胶体"粒子了，往往几天也不会沉淀下来。这是为什么呢？原来胶体粒子有一个奇怪的爱好，它时常喜欢从水中吸附某一种离子到自己的"身边"来，或者自己电离出一种离子，使自己变成一个带有电荷的粒子。科学家经过研究后，发现泥沙胶体粒子带的是负电荷。明矾是硫酸钾和硫酸铝混合组成的复盐。明矾一碰到水，就会发生化学变化。硫酸铝和水起化学变化后生成白色絮状的沉淀——氢氧化铝，这种氢氧化铝，也是一种胶体粒子，带正电荷。它一碰上带负电的泥沙胶粒，彼此就中和了，失去了电荷的胶粒，很快就会聚结在一起，粒子越结越大，终于沉入水底。这样，水就变得清澈干净了。

五、酒精哪里去了

有人做了这样一个实验：将 52 毫升 95％的酒精，加入到 48 毫升的蒸馏水中去，本来以为有 100 毫升混合液体，但却只得到 96ml 混合液，刚开始，他以为量错了，但多次实验之后，结果仍然相同，少了 4ml 酒精，去哪里了呢？

刚开始有人认为，酒精的挥发性强，变成蒸气溜走了，但人们将混合前的酒精和水，以及混合后的酒精和水分别称量后，质量几乎没变，酒精究竟去哪里了呢？长期以来一直是个谜。

随着化学的发展，谜终于揭开了，原来看起来紧密无隙的液体，其实它们分子间仍有很大的空隙。当酒精和水混合后，由于酒精分子和水分子"相互勾结"，通过一种叫"氢键"的方式而彼此联连起来，使它们排列的更整齐、紧密，分子间的空隙变小，因此，液体的体积也变小了。

六、假冒伪劣的"金字"

在一些装订精良的书上，我们常常看到印着金灿灿的烫金字。这些金字是怎么形成的呢？

原来，这些"金字"都是"烫金字"，其真正的化学名叫"铜锌合金烫字"，铜是紫色的，锌是银白色的，用它们做成的合金就是金黄色的了。把这种材料制成薄薄的膜，采用化学及加热方法，印到书本的封皮上，就"烫"出了金字。不过假金子终究是假的，在空气中放久了，会被氧气氧化而变得暗起来。为了以假乱真，人们又在铜锌合金的细粉末里加入硬脂酸，这样一来，就使金字永远发光。

七、用钢削钢的奥秘

在工厂里，工人会用钢车刀削钢，为何钢能削钢呢？

其实，表面上看起来都是钢，内里却大有区别。做刀具的钢，只要比被加工的钢料硬度高，就能进行切削。一般做工具的钢，含碳量比较高，大约是 $0.6\% \sim 1.4\%$，而且经过了热处理，使它变得更硬，不易磨损。

另外，在切削速度很高的情况下，往往会因为摩擦产生高温，而含碳量很高的钢，在高温下又变得不太硬。于是，人们又给它加上钨、铬、钒等元素，做成合金钢。这种合金钢做成的刀具，不但坚硬无比，而且在高速下削铁如泥。所以就称它为"高速工具钢"。

目前，人类已经掌握了各种合金钢的制作方法，合金钢的家族，已经发展成成百上千种了。"削铁如泥"的钢只是其中的普通一员而已。

八、能"助燃"的水

俗话说"水火不相容"，水是用来灭火的，怎么会"助燃"呢？但是你也许看过这样的现象：在火炉上烧水、做饭的时候，如果有少量水从壶里或锅里溢出，洒在通红的煤炭上，煤炭不仅没有被水扑灭，反而"呼"的一声，蹿起老高的火苗。这是为什么呢？

原来，少量水遇到赤热的煤炭，发生了化学反应，生成一氧化碳和氢气。一氧化碳和氢气都是可燃性气体，被旺盛的炉火点燃，顿时发生燃烧，并放出大量的热。

不过，任何事情的发生都是有条件的，红热的煤炭遇到少量的水，炉火能烧得更旺，温度更高。但是，如果把大量的水浇在煤炭上，情况就截然不同了，因为大量水能吸走很多热量，使煤炭温度骤然下降。同

时，水变成水蒸气以后，并不能迅速离去，而是遮盖在燃烧的煤炭上方，隔绝了煤炭与空气的接触，煤由于得不到充足的维持其燃烧的氧气，火也就熄灭了。

水能"助燃"的本领相当高超，还可以应用到很多领域。

比如说，当微小的水滴喷入燃料油里以后，油便把水滴包围起来，从而使油与氧气的接触面积增大，油就能更充分地燃烧。用这种方法，还可以把劣质油有效地利用起来，变废为宝。

九、化学元素名称趣谈

在给化学元素命名时，往往都是有一定含义的，或者是为了纪念发现地点，或者是为了纪念某个科学家，或者是表示这一元素的某一特性。例如，铕的原意是"欧洲"，因为它是在欧洲发现的；镅的原意是"美洲"，因为它是在美洲发现的。再如，锗的原意是"德国"，钪的原意是"斯堪的那维亚"，镥的原意是"巴黎"，镓的原意是"家里亚"，"家里亚"即法国的古称。至于"钋"的原意是"波兰"，虽然它并不是在波兰发现的，而是在法国发现，但发现者居里夫人是波兰人，她为了纪念她的祖国而取名"钋"。为了纪念某位科学家的化学元素名称也很多，如"钔"是为了纪念化学元素周期律的发现者门捷列夫，"锔"是为了纪念居里夫妇，"锘"是为了纪念瑞典科学家诺贝尔等。

为了表现元素某一特性而命名的例子则更多、更常见。象铯（天蓝）、铷（暗红）、铊（拉丁文的原意为刚发芽的嫩枝，即绿色）、铟（蓝靛）、氩（不活泼）、氡（射气）等等。此外，如氮（无生命）、碘（紫色）、镭（射线）等，也是根据元素某一特性而命名的。

十、点石成金

秦始皇幻想帝位永在，龙体长存，日思长生药，夜作金银梦。于是各路仙家大炼金丹，他们深居简出于山野之中，过着超脱尘世的神仙般生活。炼丹家以丹砂（硫化汞）、雄黄（硫化砷）等为原料，开炉熔炼。

企图制得仙丹，再点石成金，服用仙丹或以金银为皿，想使人永不老死。西方也有人于暗室或洞穴之中单身寡居致力于炼金术。一两千年过去了，死于仙丹不乏其人，点石成金终成泡影。中外古代炼金术士毕生从事化学实验，为何一事无成？乃因其违背科学规律。他们梦想用升华等简单方法改变贱金属的性质，把铅、铜、铁、汞变成贵重的金银，殊不知用一般化学方法是不能改变元素的性质的。化学元素是具有相同核电荷数的同种原子的总称，而原子是经学变化中的最小微粒。在化学反应里分子可以分成原子，原子却不能再分。随着科学的发展，今天"点石成金"已经实现，1919 处英国卢瑟福用 α 粒子轰击氮元素使氮变成了氧；1941 年科学家用原子加速器把汞变成了黄金——人造黄金镄（100 号元素）；1980 处美国科学家又用氖和碳原子高速轰击铋金属靶，得到了针尖大的微量金。金丹术士得知今人之丰功伟绩，在天之灵会自觉羞愧的。

十一、变色字画

博物馆的陈列室里挂着很多幅名贵的油画，其中几幅雪景画得特别出色，白茫茫的大雪覆盖着大地，衬托出大自然中的万物更加生气勃勃。但是过了许多年之后，人们发现油画上的白雪慢慢地变成灰色了，大自然也变得死气沉沉了。

用什么办法来挽救这些名贵的油画呢？聪明的化学家拿来一瓶双氧水，他用棉花蘸上双氧水，轻轻地在油画上擦拭，最后获得了起死回生的效果，油画上又出现了茫茫的白雪。

要问这里的奥妙，不妨让我们来做一个化学实验，解释一下刚才发生的现象。把一张吸水性比较好的白纸或滤纸贴在墙上，用毛笔蘸上0.5摩尔/升醋酸铅溶液，在纸上写上"变色字画"4 个大字。然后用硫化氢气体熏白纸上写过字的地方，纸上就出现了灰黑色的"变色字画"4 个大字。这是因为硫化氢气体与醋酸铅作用，生成了灰黑色的硫化铅。如果把 3%～5% 的双氧水涂在灰黑色的"变色字画"4 个大字上。

真奇怪，这4个大字立刻从白纸上消失了。原来，这时在白纸上又发生了另外一个化学变化，双氧水把灰黑色的硫化铅氧化了，变成白色的硫酸铅，所以"变色字画"4个大字又不见了。

现在，你就知道化学家之所以聪明，就在于他有大量的化学知识和实践经验，他知道油画上的白雪，是用铅盐做成的油彩画上去的。日子长了，铅盐和空气中的硫化氢气体化合，就使白色慢慢变成灰黑色了。

聪明的化学家了解到油画变灰的原因，便找到了使硫化铅变白的方法，这个问题也就迎刃而解了。

十二、女儿国之谜

在广东某一山区的村寨里，前数年连续出生的尽是女孩，人们急了，照这样下去，这个地区岂不会变成女儿国了吗？有的人求神佛，也无济于事。有位风水老者信口说到："地质队在后龙山寻矿，把龙脉破坏了，这是坏了风水的报应啊！"于是，迷信的村民，千方百计地找到了原来在此地探矿的地质队，闹着要他们赔"风水"。地质队又回到了这个山寨，进行了深入的调查，终于找到了原因。原来是在探矿的时候，钻机把地下含铍的泉水引了出来，扩散了铍的污染，使饮用水的铍含量大为提高，长时间饮用这种水，而导致生女而不生男。经过治理，情况得到了好转，在"女儿国"里又出生男孩了。

十三、玻尔巧藏诺贝尔金质奖章

玻尔是丹麦著名的物理学家，曾获得诺贝尔奖。第二次世界大战中，玻尔被迫离开将要被德国占领的祖国。为了表示他一定要返回祖国的决心，他决定将诺贝尔金质奖章溶解在一种溶液里，装于玻璃瓶中，然后将它放在柜面上。后来，纳粹分子窜进玻尔的住宅，那瓶溶有奖章的溶液就在眼皮底下，他们却一无所知。这是一个多么聪明的办法啊！战争结束后，玻尔又从溶液中还原提取出金，并重新铸成奖章。新铸成的奖章显得更加灿烂夺目，因为，它凝聚着玻尔对祖国无限的热爱和无穷的智慧。

那么，玻尔是用什么溶液使金质奖章溶解呢？原来他用的溶液叫王水。王水是浓硝酸和浓盐酸按 1∶3 的体积比配制成的的混合溶液。

由于王水中含有硝酸、氯气和氯化亚硝酰等一系列强氧化剂，同时还有高浓度的氯离子，因此，王水的氧化能力比硝酸强，不溶于硝酸的金，却可以溶解在王水中。

这是因为高浓度的氯离子与金离子形成稳定的络离子 $[AuCl_4]^-$，从而使金的标准电极电位减少，有利于反应向金溶解的方向进行，而使金溶解。

十四、墨水为什么会沉淀

墨水是一种胶体。当墨水瓶盖未盖好时，随着水分蒸发，墨水变浓，色素胶粒易挤在一起，由于它们之间的水层变薄了，因此胶粒就会结合成大粒子而沉淀。另外，不同牌号的墨水混合也会导致墨水沉淀。因为制造时为使胶粒稳定，都让它带电，而不同方法制出的墨水其胶粒所带的电荷可能相同，也可能不同。当胶粒带不同电荷的墨水混合时，电荷因中和而消失，胶粒就变不稳定因而发生沉淀，知道这点，换用别种牌号的墨水时，最好将钢笔用清水洗净。此外，过冷、过热也会使墨水中有胶体溶液破坏，而导致沉淀。因此冬天不能将墨水放在窗口，平时也不应将墨水放在高温的地方。